Dampflokomotiven — geliebt und unvergessen

Dampflokomotiven geliebt und unvergessen

Von
Karl-Ernst Maedel

Mit 183 Fotos und 32 Zeichnungen

Franckh'sche Verlagshandlung Stuttgart

Schutzumschlag gestaltet von Edgar Dambacher unter Verwendung von zwei Farbfotos: Dampflokomotiven der Baureihe 01 in Doppeltraktion auf der „Schiefen Ebene“ zwischen Neuenmarkt-Wirsberg und Marktschorgast, Dezember 1972 (Foto: Leo Nawrocki) — Das Triebwerk der französischen Dampflokomotive 231-K-16, aufgenommen 26. 4. 1964 (Foto: Harald Navé)

Karl-Ernst Maedel ergänzt und setzt mit diesem Band sein inzwischen vergriffenes Erfolgsbuch „Geliebte Dampflok“ fort.

Franckh'sche Verlagshandlung, W. Keller & Co., Stuttgart / 1975 / Printed in Germany / Imprimé en Allemagne / LH 19 Hä / ISBN 3-440-04194-8 / Druck: Johannes Illig, Buch- und Offsetdruckerei, Göppingen

Dampflokomotiven — geliebt und unvergessen

Anhang

Von Cugnot zu Stephenson

Dampflokomotive — das war für Generationen der Inbegriff aller Technik überhaupt, das war die Maschine, vor deren Zischen und Schnaufen der von Auto und Flugzeug noch unbelastete Reisende ehrfürchtig erschauerte, bei deren Vorbeifahrt jedermann stehen blieb und ihrer verwehenden Dampfwolke nachblickte. Sie war identisch mit dem Begriff der Reise, so lange die Eisenbahn das Beförderungsmonopol besaß. Ihre letzten Exemplare dampfen noch über die Schienenstränge der Welt, zum Aussterben verurteilt, aber immer noch eindrucksvoll, imposant, unvergleichlich.

Dennoch — es sind die letzten Überbleibsel, nicht einmal die größten, eines Geschlechtes von Zyklopen der Technik, von Schienengiganten, die es in der Neuen Welt auf Leistungen von sieben- und achttausend Pferdestärken gebracht haben. Wir finden sie heute fast nur noch im Güterzugdienst, dort, wo die Umstellung auf Dieselbetrieb oder Elektrizität erst im Gange ist. Die Tage sind längst Geschichte geworden, da wir auf dem Bahnsteig standen, ganz vorn, dicht neben dem singenden, brodelnden Kessel der Dampfmaschine, auf den Abfahrtspfiff harrend, um dann dieses packende Ereignis zu erleben, wenn die mächtige, hochrädrige Dampf-Schnellzuglokomotive sich in Bewegung setzte, Dampf aus den Zylindern zischte, der erste Auspuffschlag aus dem Schornstein donnerte, und dann jenes so arteigene Puffen anhub mit seinem an die Radumdrehung gekoppelten Rhythmus. Es will uns fast als Mär erscheinen, daß wir noch vor Jahren zur vielgenannten „Schiefen Ebene", jener Steilrampe zwischen Neuenmarkt und Marktschorgast in Oberfranken pilgerten und voller Spannung dem Nahen des Zuges entgegensahen, nur um die 001-Lokomotive zu bewundern, die — gekrönt von einer gewaltigen Dampfwolke — auf der Steigung 1 : 40 zu Berg stampfte. Sagenhaft die Schnellfahrten mit 160, 180, ja 200 km/h Geschwindigkeit, historisch die Jahrzehnte, als Dampflokomotiven die Spitzengeschwindigkeiten unserer schnellen Züge bewältigen mußten mit Reisedurchschnitten von 115 und mehr km/h. FD 6, FD 21, FD 112, „Edelweiß", „Flèche d'Or", „Rheingold" und ähnlich, so lauteten die Bezeichnungen, die etwa den heutigen TEE- oder Inter-City-Zügen entsprachen und doch wieder etwas anderes darstellten. Denn wer — besonders von unseren jüngeren Lesern — vermag sich das Bild vor das geistige Auge zu rücken, als der D 54, Berlin — Dresden, geführt von Stromlinien-Dampflok 61 001 mit 140 km/h durch Hohenleipisch raste, wenn der FD 26, Berlin — Hamburg, mit Lokomotive 05 001 im 160 km/h-Tempo durch den Sachsenwald bei Schwarzenbek brauste, oder der FD 80 und Lok 03 119 den Bahnsteig von Forchheim entlangdonnerte, daß eine Staubwolke aufstob und unter dem Wirbel der Treibstangen der Lokomotive Einzelheiten des Triebwerkes nicht mehr zu unterscheiden waren. Nur in Fotografien können wir sie noch bestaunen, die zu Berg stampfenden Güterzüge und ihre Lokomotiven, aus deren Schlot Rauchsäulen senkrecht zum Himmel schossen und die Sonne verdunkelten, Züge, die von zwei Lokomotiven geführt und von einer dritten nachgeschoben wurden. Auf der Steilrampe Erkrath — Hochdahl wurden Güterzüge von 4 Lokomotiven befördert, zwei vorn, zwei hinten, vom Standpunkt unserer heute zum Dogma erhobenen Rentabilitätsrechnung ein fragwürdiges Unterfangen, vor Jahrzehnten noch undiskutable Notwendigkeit. Wo sind sie geblieben all die vielen Nebenbahnen, die Hunderte von Bimmelbähnchen, die gemütlich und wohl auch gemütvoll durch die Wälder, durch die Auen zuckelten, auf Strecken von oft wunderlicher Linienführung. Der sogenannte Fortschritt hat sie wie einen Haufen welken Laubes hinweggefegt, stinkende, unbequeme Straßenomnibusse besorgen dort den Verkehr, wo die Reisenden noch nicht auf das eigene Auto umgestiegen sind.

Vorbei, die Gloriole des Dampfes ist verblichen, wenige Jahre noch, dann kennt sie niemand mehr. Die ewigen Apostel des Fortschrittes tun allerdings so, als hätte es eine Dampftraktion nie gegeben, erst in der Diesel- und Elektrolok erblickt man das Ei des Columbus. Lassen wir den modernen Maschinen ihre unbezweifelten Vorzüge, vergessen wir aber nicht, daß länger als ein Jahrhundert die Dampflokomotive die Geschichte des Schienenverkehrs diktiert hat. Ihre Freunde, zwar immer nur ein kleiner Kreis, haben sie geliebt und trauern ihrem Verschwinden nach. Daß sie unvergessen bleibt, dafür sorgen die Exemplare, die in den Museen der Welt für die Nachwelt aufbewahrt werden, die vielen Bilder, die seit den Anfängen der Fotografie von ihr aufgenommen worden sind, und die Modelle, die wir auf unserer Miniatureisenbahn nach Lust und Laune in Bewegung setzen können, bescheidenes Abbild gewesener Herrlichkeit. So kann auch die junge Generation noch die mächtigen Treibräder, das verwirrende Spiel der Treibstangen bewundern, selbst wenn sie die Dampflok nie in natura erlebt hat.

Widmen wir dieser einmaligen Maschine — für viele die gewaltigste, die der Mensch erdacht hat — ein Buch der Erinnerung, und lassen wir ihr Werden, ihre große Zeit und ihr Endstadium noch einmal vor unserem geistigen Auge vorüberziehen als schönste Vollendung des Dampfzeitalters überhaupt.

*

Es gibt ein nettes Geschichtchen, das schon im Schullesebuch unserer Großeltern stand. Da soll im England des 18. Jahrhunderts ein kleiner Bub, James Watt mit Namen, höchst aufmerksam den Wasserkessel auf dem Küchenherd seiner Mutter beobachtet haben, wie der brodelnde Dampf versuchte, den Deckel vom Kessel herunterzustoßen. Dabei sei dem Buben die Erkenntnis von der großen dem Dampf innewohnenden Kraft gekommen und er habe deshalb — die Dampfmaschine erfunden. Schön wär's gewesen, wenn sich die Dinge so einfach zugetragen hätten. Wieviel Mühe bliebe den Wissenschaftlern erspart, läge die Erkenntnis so offen zu Tage. Leider sieht die Wirklichkeit anders aus. Die Entwicklung der Dampfmaschine zur Betriebsreife stellt einen weiten, dornenreichen Weg dar, den James Watt unter vielen Opfern und Entbehrungen gehen mußte, ehe die von ihm erdachte Maschine ihre Kinderkrankheiten überwunden hatte. Genau so wenig gelang es auf Anhieb, die Dampfkraft zur Fortbewegung eines Wagens zu nutzen, die Dampflokomotive ist keineswegs als genialer Wurf eines großen Erfinders entstanden. Die Probleme lagen in jenen letzten Jahrzehnten des 18. Jahrhunderts nicht in der Nutzbarmachung des Dampfes schlechthin. Damit hatte schon Archimedes im Altertum operiert. Nein, es ging um ganz — aus unserer heutigen Sicht — einfache Dinge, um die Überlegung, ein Gefäß zu bauen, das gegen die Atmosphäre genügend sicher abdichtete, in welchem man den Dampf zur Bewegung eines Kolbens veranlassen konnte. Wie sollte ferner der Dampferzeuger, der Dampfkessel aussehen? Man muß einmal lesen, mit welchen Mitteln die damaligen Mechaniker — Ingenieure im heutigen Sinne gab es noch nicht — versuchten, einen aus einzelnen Blechen zusammengenieteten Kessel an den Rändern dicht zu bekommen. Da wurde Mehl in Rinderblut gequirlt und mit Hilfe von aufgeweichtem Käse zu dickem Kleister geknetet, der weniger dem gedachten Zweck entsprochen, dafür aber um so nachhaltiger die Geruchswerkzeuge der Techniker strapaziert haben mag. So steht der von George Stephenson und seinen Mitarbeitern entwickelte Dampfwagen, wie er im Jahre 1829 seinen Siegeszug begann, am Ende einer jahrzehntelangen mühseligen Entwicklung, deren wichtigste Daten wir hier noch einmal nachvollziehen wollen.

Lange vor Stephenson tauchten bereits Namen von Tüftlern und Mechanikern auf, die sich alle mit dem gleichen Problem herumschlugen. Aber erst dem Leutnant seiner Majestät des Königs von Frankreich. Nicolas Joseph Cugnot, war es vorbehalten, den ersten Dampfwagen zu bauen, der tatsächlich gefahren ist.

Cugnot, ein gebürtiger Lothringer, war 1748 in den österreichischen Heeresdienst eingetreten und diente unter Kaiserin Maria Theresia. Dort machte er sich als Lehrer für Strategie und als Militärschriftsteller einen Namen, so daß der damalige französische Gesandte am Wiener Hof, der Herzog von Choiseul, auf ihn aufmerksam wurde. Als Choiseul nach Paris zurückkehrte und zum mächtigsten Minister Ludwigs XV. aufrückte, siedelte bald darauf Cugnot nach Frankreich über. 1763 bastelte er in Verbindung mit Brézin in Brüssel erstmals an einem kleinen Dampfwagen herum, den er 1768 weiter verbesserte. Inzwischen hatte Planta in der Schweiz ähnliche Versuche angestellt, die Choiseul zu Ohren gekommen waren. Daß der Russe Polsunow in jenen Jahren ebenfalls einen Dampfwagen gebaut haben soll und Cugnot von diesem Fahrzeug erfahren habe, ist nicht bewiesen. Interessant ist, daß Cugnot bei seinen Versuchen eine militärische Verwendung des Dampfwagens vorschwebte. Denn wieviel

Mühe und Schweiß kostete es, Geschütze zu transportieren und in Stellung zu bringen. Oft mußten sechs, acht oder zehn Pferde vor die Kanone gespannt werden, die Kanoniere waren nicht selten gezwungen, zusätzlich in die Speichen zu greifen, wenn es bergauf ging. Der Gedanke, dieses Geschäft durch eine Maschine, durch einen Traktor besorgen zu lassen, mußte den damaligen Strategen soviel wie einen halb gewonnenen Krieg bedeuten.

Nun spielt bei vielen Erfindungen der Zufall eine Rolle. Wer weiß, ob Cugnot jemals zum Zuge gekommen wäre, hätte der Herzog von Choiseul nicht eigenmächtig Kriegsvorbereitungen gegen England getroffen und dabei gewisse Hoffnungen auf die Arbeiten Cugnots gesetzt. Er bekam jedenfalls Geld und ging ans Werk. Der Stellmacher mußte ihm einen soliden dreirädrigen Wagen bauen. Über das Vorderrad hing er an einem Gestell den runden Kessel auf, der einen Wasser- und Feuerraum enthielt. Den Dampf leitete er in zwei Dampfzylinder, die über Hebel und Sperrklinken das Vorderrad antrieben. Die Zylinder waren ganz einfach und unten offen. Was tat das schon? Wer jedenfalls den Nicholas Cugnot für einen Narren und Phantasten gehalten hatte, der wurde gründlich eines Besseren belehrt. Denn — den Zuschauern verging fast der Atem vor Staunen — mit fürchterlichem Ächzen und Knarren, einem höllischen Rasseln und Zischen setzte sich das Fuhrwerk tatsächlich in Bewegung, am Steuer der glückliche Erfinder. Aber die Herrlichkeit dauerte nicht lange, nach wenigen Minuten war der Dampf in dem kleinen Kesselchen alle. Es mußte gehalten, Wasser aufgefüllt und erst wieder angeheizt werden.

Doch nun wurde der Leutnant Cugnot erst recht vom Eifer gepackt. Der Herr Minister war dagewesen, hatte sich das Fahrzeug angesehen und höchst zufrieden genickt, dabei noch etwas von baldiger Beförderung zum Oberleutnant gemurmelt. Was jedoch die Hauptsache war, er ließ einen weiteren ansehnlichen Betrag aus des Königs Schatzkammer anweisen. Cugnot machte sich mit frischem Mut an die Arbeit, baute das Fahrzeug um, vergrößerte den Kessel, der nun allerdings ein beachtliches Gewicht bekam. Dafür machte er aber auch ordentlich Dampf. Schwer und solide war das Fahrzeug jetzt geworden. Himmel, wer sollte es eigentlich lenken? Die ganze Maschinerie hing über dem Vorderrad, Kessel samt Feuerung und Zylinder! Wenn das nur gut gehen würde!

„Fahren muß er, der Dampfwagen!" rief der erfinderische Kriegsheld, heizte ein, daß es zischte und rumorte. Den Zuschauern ward angst und bange. Und als der Dampf aus allen Ritzen fauchte, da hieß der Erfinder seinen Freund als Maschinisten aufsteigen. Dann, ein Zug an dem Dampfhahn: — „Vive la France!" riefen die Zuschauer und schwenkten den Dreispitz. Ein gewaltiges Zischen und es ging los „Rackerackerackeracke — tchtschtschtsch — rackerackerackeracke tschtschtschtsch —!" Der Dampfwagen fuhr, er fuhr tatsächlich! Zwar holperte und ächzte er gewaltig, aber er kam voran. War das ein Jubel und ein Winken! Mit klopfendem Herzen schritt der Erfinder neben seinem Fahrzeug her, in Dampf gehüllt, den Takt der Zylinder genau beobachtend. Schneller und schneller arbeitete jetzt die Maschine, das Fahrzeug wackelte über den großen Exerzierplatz. Es war geschafft, der Kessel gab genügend Dampf her, um auch eine längere Fahrt durchzuhalten. Die Maschine arbeitete gleichmäßig: Hahn auf — tschtschtschtsch — Hahn zu — rackerackerackeracke — und so in ununterbrochener Folge.

„Wenden!" ruft Cugnot jetzt dem Freunde zu, als sie am Ende des Platzes angekommen sind. „Wenden!" Er beschreibt mit dem Arm eine kreisende Bewegung. Der Mann auf der Maschine stemmt sich gegen die Lenkkurbel. Ja, zum Teufel, warum wendet er denn nicht? Der Platz ist doch zu Ende, gleich kommt die große Mauer, hinter der die Kaserne liegt. Das gibt ja ein Unglück! Der Freund arbeitet aus Leibeskräften und stemmt sich wie ein Elefant gegen das Holz, die Adern treten ihm aus der Stirn vor Anstrengung. Das Vorderrad bewegt sich nicht, mag er noch so an der Kurbel rütteln, es ist zu schwer.

„Ja, so wende er doch!" schreit der Erfinder noch einmal. Die Mauer kommt näher und näher. „Ich kann nicht — es geht nicht", ächzt der Mann auf der Maschine zurück. „Halt, halt — halt!" schreit jetzt Cugnot in höchster Verzweiflung, denn die Maschine holpert unaufhaltsam weiter. Entsetzlich! Die Mauer! Cugnot fuchtelt mit den Armen in der Luft herum. „Halt, um Himmels willen, halt!" Seine Stimme schnappt über, er schließt die Augen und bleibt stehen. Es ist zu spät, es ist geschehen. Ein Knall, ein ohrenbetäubendes Prasseln, eine Staubwolke — dann unheimliche Stille, nur ein leises Zischen ist hörbar.

Minuten vergehen, bis sich die Staubwolke verzogen hat, bis man wieder sehen kann. Cugnot reibt sich die Augen.

Dann sieht er die Bescherung. Ein gewaltiges Loch klafft in der Mauer, ein Berg Steine liegt umher und in diesem wüsten Trümmerhaufen friedlich summend und zischend, unversehrt — seine Maschine. Oben darauf der Freund, der sich fluchend und schimpfend den Dreck aus den Augen wischt.

Das allererste Dampfwagenunglück, das in der Welt geschah!

Aber Nicholas Cugnot?

Irgendwie war ihm die Geschichte verleidet. Zwar finden wir ihn noch bis zum Juli 1771 an seiner Maschine beschäftigt. Aber das Glück hatte sich gewendet. Choiseul war beim König in Ungnade gefallen, weil für den geplanten Krieg gar kein Geld in der chronisch leeren Kasse vorhanden war. Er wurde seiner Ämter enthoben. Das bedeutete auch das Ende der Arbeiten Cugnots, der sich fortan auf seinen Lorbeeren ausruhte. 1804 ist er gestorben. Zu seinen Bewunderern gehörte übrigens ein junger Artillerieoffizier, der später die ganze Welt in Atem halten sollte: Napoleon Bonaparte.

Nun, nach Monsieur Cugnot versuchten es andere. Da war in England schon lange der Mechaniker James Watt tätig, auch so ein Grübler und Tüftler. Just im gleichen Jahre, als der Franzose seinen Traktor in Betrieb nahm, ließ er sich eine Dampfmaschine patentieren. In Amerika bastelte der gescheite Oliver Evans an allen möglichen Maschinen herum, baute Dampfmühlen und schließlich ebenfalls einen Dampfwagen. Selbst Watts Freund Murdock meinte, man solle doch einmal eine Dampfmaschine auf Räder stellen.

Es war aber auch eine kritische Zeit damals in England, Ende des achtzehnten Jahrhunderts. Die gewerblichen Betriebe waren allerorts mächtig aufgeblüht, man brauchte dringend Energie, eine Kraft, die in der Lage war, Maschinen anzutreiben. Die Pferdekraft reichte nicht mehr aus. Die Bergwerke vor allem brauchten nicht nur die Dampfmaschine, um das Wasser aus den Stollen zu pumpen. Nein, die geförderte Kohle mußte auch abtransportiert werden, nach den Häfen, ins Land. Und je mehr Kohle gefördert wurde, desto dringender wurde der Ruf nach einem Beförderungsmittel. Schienenwege gab es schon lange, Wagen fuhren darauf. Aber die mußten immer von Pferden gezogen werden oder mittels langer Seile von ortsfesten Dampfmaschinen.

Die Coalbrokdale Eisengießerei, die bereits die erste eiserne Brücke der Welt gebaut hatte, unternahm im Jahre 1802 das große Wagnis und baute eine Lokomotive, einen Dampfwagen auf Schienen. Von dieser Maschine ist uns nichts überliefert worden, außer, daß bei ihrer Inbetriebnahme ein großes Unglück geschah, das dem Maschinisten das Leben kostete und dem Unternehmen den Mut zu weiteren Versuchen nahm.

So ist das zwar die allererste Lokomotive und ist es doch auch wieder nicht, weil eben das Unglück ihre Inbetriebnahme verhindert hat.

Nein, Richard Trevithick hieß der Mann, der endlich eine richtige und brauchbare Lokomotive erfinden sollte. Das war ein unruhiger Feuergeist, rastlos, ewig voller Pläne und Ideen, so ein richtiges Universalgenie. Er hatte schon an den Wattschen Dampfmaschinen mancherlei verbessert und genoß den Ruf eines begabten Erfinders. Im Jahre 1801 war ihm bereits ein Straßendampfwagen geglückt, der aber nach der ersten Fahrt verbrannte.

Die Pennydarren Eisenwerke in Wales brauchten ganz dringend eine Zugmaschine für ihre Schienenbahn und wandten sich deshalb an Trevithik. Der hatte bereits weitere Versuche mit kleinen Dampfwagen gemacht und stürzte sich mit Feuereifer in die Arbeit.

Es sollte ihm gelingen. Im Jahre 1804 — man nennt den 21. Februar — war es, daß in Pennydarren die erste Dampflokomotive auf Schienen in Bewegung gesetzt wurde und fürchterlich puffend den Zuschauern das Gruseln beibrachte.

War das ein toller Apparat! Das große Schwungrad muß einen besonders mächtigen Eindruck hinterlassen haben. Vom Schwungrad aus wurden über Zahnräder die Achsen angetrieben. Man mag es glauben oder nicht, die Lokomotive ist gefahren, sogar mit der für die damalige Zeit schwindelerregenden Geschwindigkeit von 6 Kilometern in der Stunde. Ein Meter fünfunddreißig Zentimeter legte der Kolben bei jedem Hub zurück, und vierzig Bewegungen machte er in der Minute. Die größte Neuheit an der Maschine aber war, daß sie mit Hochdruckdampf betrieben wurde. Alle anderen Dampfmaschinen jener Zeit waren Niederdruckmaschinen.

Egal, wie sie aussah, Hauptsache, sie fuhr. Und alle Neugierigen, die sich die Maschine anschauten, waren sprachlos und schlugen die Hände über dem Kopf zusammen. „Das ist Teufelswerk", war das einstimmige Urteil, und die Pfarrer

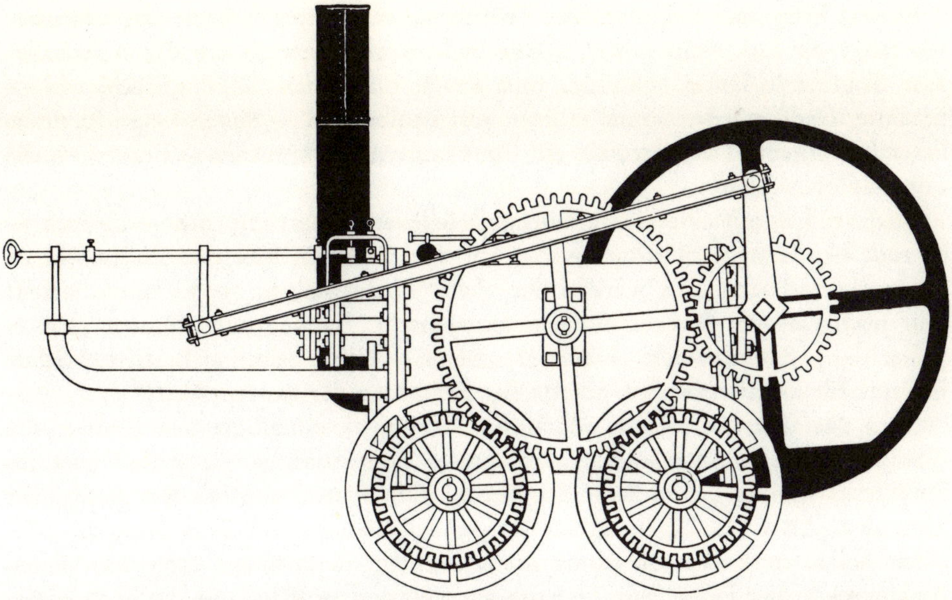

Trevithicks Lokomotive war die erste Dampflokomotive, die je auf Schienen lief. Sie wurde von Richard Trevithick 1803—1804 entworfen und gebaut.

wetterten des Sonntags in der Kirche von den Kanzeln gegen diese höllische Erfindung. Dennoch strömten die Leute in Scharen nach Pennydarren, die Zeitungen brachten lange Artikel über die neue Maschine. Ein Mangel zeigte sich indes: Die Schienen waren der Last der schweren Maschine nicht gewachsen und brachen öfter entzwei.

Im nächsten Jahr baute Trevithick eine zweite Lok für eine Kohlengrube in Wylam, die aber der Besteller trotz gelungener Probefahrt nicht abnahm, vermutlich aus Angst, die Schienen möchten die Last nicht aushalten.

Trevithick, der Unermüdliche, verlor die Lust nicht, er baute eine dritte Lok, die den lustigen Namen erhielt: „Fang mich, wer kann". Weil ihm aber auch diese Maschine keiner abkaufen wollte und der tüchtigste Erfinder nicht von der Luft leben kann, machte er kurzen Prozeß, baute in London eine Kreisbahn aus Schienen, stellte seine Lok darauf und hing eine Kutsche als Personenwagen daran.

Am 2. Juli 1808 wurde die Lok erstmals öffentlich gegen Geld gezeigt. Die Leute kamen in Scharen, zahlten 5 Schillinge, sperrten die Mäuler auf und konnten sich nicht sattsehen an der qualmenden, fauchenden und zischenden Maschine. Wer es wollte, dem erklärte der Erfinder auch gern sein Fahrzeug und machte besonders auf die aus dem Schornstein puffenden weißen Wölkchen aufmerksam. Diese neue Lok hatte übrigens kein Schwungrad mehr, sondern vertikale Zylinder, welche bereits nach der Art unserer heutigen Lok unmittelbar die Räder antrieben. Das bedeutete einen erheblichen Fortschritt.

Es ging lustig zu bei Trevithicks Vorführungen. Wetten wurden abgeschlossen, wie lange die Lok wohl fahren könne und ob sie länger als ein Pferd aushalte. Man diskutierte, lachte, stritt sich, und was dem Erfinder die Hauptsache war — bezahlte. Dann wurden Schnellfahrten veranstaltet und — bums! — ein fürchterlicher Krach, eine Dampfwolke, ein Funkenregen, aufkreischende Frauen — die Lok war umgefallen.

Macht nichts, nur eine kleine Störung, Hebebäume her! Ho ruck — ho ruck — ho ruck —, da steht sie schon wieder auf den Schienen! Nur der Schornstein ist ein wenig verbogen. Das werden wir gleich wieder haben, meine Herrschaften! Nur noch eine zerbrochene Schiene auswechseln. In wenigen Minuten geht es weiter! — „Hereinspaziert — hereinspaziert! — Nur 5 Schilling Eintritt, 5 Schilling nur für die allerneueste, allergrößte Erfindung der ganzen Welt!"

Doch das Interesse erlosch allmählich, Trevithick ermäßigte den Eintritt auf 2 Schillinge. Gewiß, nun kamen auch ärmere Volksschichten. Aber die Gunst des Publikums wandte sich anderen Dingen zu. Die neue Dampflok war eben nicht mehr neu. Als eines Tages ein Messerschmied erschien und Trevithick die Maschine abkaufen wollte, da schlug dieser leichten Herzens ein, froh, das lästige Anhängsel wieder los zu sein. Er hatte zur Zeit andere Pläne, die ihn in Begeisterung versetzten, also weg mit der dummen Lokomotive.

Das ändert aber alles nichts an der Tatsache:

Richard Trevithick hat im Jahre 1804 die Dampflokomotive erfunden.

Vier Jahre gingen ins Land, ehe wieder Ingenieure mit Plänen für eine Dampflok auftauchten. Doch jetzt bekam die Sache schon Hand und Fuß. Man hatte Trevithicks Maschinen gesehen, man wußte bereits, daß die Angelegenheit durchaus technisch durchzuführen ging. Zudem war der Wunsch der aufstrebenden Industrie nach einer Schienenlokomotive nur noch dringender geworden. Im Jahre 1812 ließ der Grubeninspektor Blenkinsop durch den Fabrikanten Murray eine Lok für die Middleton-Grube bauen. Weil aber Murray dem Frieden nicht ganz traute, ob die Reibung zwischen Rad und Schiene wohl genüge, verlegte er eine Zahnstange neben den Gleisen und ließ ein Zahnrad eingreifen, etwa in ähnlicher Art und Weise wie später bei den Zahnradloks. Da das Fahrzeug sich bewährte, baute Murray weitere Maschinen dieses Typs, die auf verschiedenen Gruben in Betrieb standen. Die genaue Zahl ist uns nicht bekannt, es dürften immerhin sieben bis acht gewesen sein.

Nach Murray und Blenkinsop versuchten sich andere, so 1813 der Kanal- und Hafenbaumeister Chapman, der die Lok sich an einer Kette fortarbeiten ließ. Brunton baute zwei Loks, die sich mittels langer Stelzen vom Boden abstießen und dadurch fortbewegten und immerhin — gefahren sind. 1814 trat Hedley mit einer Lok auf den Plan, die er „Puffing Billy" nannte und die uns bis zum heutigen Tag erhalten geblieben ist, denn sie steht im South Kensington Museum in London. Auch von den drei anderen, die er noch baute, ist uns im Museum zu Edinburgh eine erhalten geblieben. Aber im gleichen Jahre erschien auch schon der Mann auf der Bühne des Welttheaters, welcher der Dampflok endgültig zu ihrem große Siegeszug durch alle Welt verhelfen sollte: George Stephenson.

Stephensons Lebensgeschichte gleicht einem Roman. Vom Hirtenbub, der auf der Wiese bei Schafen und Ziegen träumt, brachte er es zum genialen Ingenieur. Seine Laufbahn begann er als Pferdejunge in der Killingworth Kohlengrube. Dort kam er auch mit der Dampfmaschine in Berührung, und als er einmal die Hedleysche Maschine gesehen hatte, da ließ es ihn nicht mehr los, da hatte ihn der Gedanke, selbst Loks zu bauen, restlos gefangengenommen. Im Grunde war es eine dumme Geschichte, die den Anstoß zum Bau seiner ersten Lok gab. Die Killingworth-Leute wollten eine Lokomotive haben und Trevithick sollte sie bauen. Der stellte sich jedoch schwerhörig und zeigte offensichtlich keine Lust. Stephenson ging daher kurz entschlossen selbst ans Werk. Am 25. Juli 1814 trat seine erste Lok auf der Killingworth-Grube ihre erste Fahrt an. Sie hieß „Blücher", zu Ehren des deutschen Feldherrn, der gerade damals im Verein mit Wellington dem Napoleon den Garaus machte. Weitere Loks folgten, und als Stephenson, als Bahnbauer fast noch tüchtiger, die Eisenbahn von Stockton nach Darlington fertiggestellt hatte, da war es die Lokomotive „Locomotion", Fabrik-Nr. 15, mit welcher die Bahn am 26. 9. 1825 eröffnet wurde. Auch diese ist uns erhalten geblieben. Wer einmal nach England kommt, der kann sie sich auf dem Bahnhof von Darlington anschauen. Ja, bei der Jahrhundertfeier der Bahn im Jahre 1925 ist sie sogar noch einmal angeheizt worden.

1823 bereits gründete Stephenson gemeinsam mit seinem Sohn Robert eine eigene Lokomotivfabrik in Newcastle, die heute noch besteht und viele Lokomotiven nach Deutschland geliefert hat. Ein anderer berühmter Lokbauer jener Zeit war Timothy Hackworth, der manche gute Lokomotive schuf. Seine „Royal George" von 1827 besaß sogar schon drei mittels Kuppelstangen verbundene Achsen.

*

Und doch, das Ding mit den Lokomotiven klappte nicht so, wie es eigentlich sollte. Zugegeben, man hatte allenthalben Lokomotiven gebaut, Stephenson zwischen 1814 und 1825 allein 15 Stück — aber die waren auch danach: Höchst gemeingefährliche Apparate, bei deren Bedienung jede Lebensversicherung höflich, aber kühl abgelehnt haben würde. Nehmen wir einmal die „Blücher" von 1814. Himmel noch einmal, wenn die daherkam, brachte sich alles, was Beine hatte, rechtzeitig in Sicherheit. Der gute Stephenson hatte nämlich, genau wie schon Blenkinsop und Murray, wegen der Reibung zwischen Rad und Schiene Bedenken gehabt und sicherheitshalber die Räder aufgerauht, damit sie besser greifen sollten. Nun, jeder mag sich selbst ausmalen, welch Donnergetöse jede einzelne Radumdrehung verursachte. Obendrein besaß sie kein Blasrohr, durch welches der Dampf, wenn er in den Zylindern seine Arbeit geleistet hat, in den Schornstein abgeleitet wird und dadurch gleich den nötigen Zug zur Anfachung des Feuers bewirkt. Der Dampf puffte mit fröhlichem Zischen einfach rechts und links aus den Zylindern heraus. Bei der „Locomotion" ging das schon etwas besser, die besaß ein Blasrohr. Aber es gab noch nicht den heutigen Röhrenkessel, den Kessel durchzog vielmehr ein einziges Flammrohr. Wenn nun die Lok in Fahrt kam und der Abdampf in den Schornstein blies, dann wirkte er zwar ganz vorschriftsmäßig feueranfachend. Weil aber der Weg zwischen Feuerraum und Schornstein so kurz war, hatte das den Erfolg, daß der ganze feurige Segen keinen Dampf erzeugte, sondern in hohem Bogen wie ein Kometenschweif aus dem Schornstein hinausgeblasen wurde. Nicht umsonst nannte man die Lokomotiven „Feuerdrachen" ob des Funkenregens, der hinter ihnen herstob. Bei der „Locomotion" wurde sogar der Schornstein während der Fahrt glühend.

Das Schlimmste aber war: Alle Nasen lang explodierte eins der feuerspeienden Ungeheuer. Als eine von Bruntons Maschinen in die Luft flog, da gab es ein schreckliches Unglück. Man spricht von fünfzig Toten und Verletzten aus den Reihen der Zuschauer. Meistens jedoch streikten die Lokomotiven, wenn sie ordentliche Arbeit leisten sollten, mangels Dampf. Man ging Ende der zwanziger Jahre ernsthaft zu Rate, sämtliche Lokomotiven wieder abzuschaffen und durch den bewährten Hafermotor zu ersetzen, der einem nicht unversehens um die Ohren knallte und wenigstens zu jeder Zeit funktionierte.

Da trat ein Ereignis ein, das mit einem Schlag der Angelegenheit eine völlig neue Wendung gab.

Die beiden Städte Liverpool und Manchester, damals bedeutende Industriestädte, hatten schwere Sorgen. In Manchester waren viele Spinnereien und Webereien ansässig, die auf die Einfuhr der amerikanischen Baumwolle angewiesen waren. Die Baumwolle kam in Liverpool an und mußte auf höchst beschwerliche Weise mittels Pferd und Wagen nach Manchester gebracht werden. Darüber verging jedesmal eine endlos lange Zeit. Was lag näher, als den Gedanken einer Eisenbahnverbindung zu erwägen? Einer richtigen natürlich mit Pferden und ortsfesten Dampfmaschinen, welche die Züge an langen Seilen über die Strecke ziehen. Beileibe keine Bahn mit diesen neumodischen Lokomotiven. „Bleibt uns ja vom Leibe mit diesen Dingern", sagte die Direktion der neugegründeten Bahngesellschaft, „wir sind doch nicht lebensmüde!"

Ja, dann hätten die Herren aber nicht ausgerechnet Stephenson zum Chefingenieur ihrer Bahn machen dürfen. Und nicht den Lokfreund Henry Booth zum Sekretär der Bahn! Es war ja unausbleiblich, daß die beiden unter einer Decke steckten und immer wieder auf die Direktion einredeten, es möge doch wenigstens ein einziger Versuch mit Lokomotiven gemacht werden. Stephenson war nicht ganz uneigennützig dabei, die Existenz seiner neugegründeten Lokfabrik stand auf dem Spiel.

Nun, die würdigen Herren von der Eisenbahngesellschaft zögerten lange, und erst, als Stephenson sie so in die Enge getrieben hatte, daß sie nicht mehr ausweichen konnten, stimmten sie seinem Wettbewerb zwecks Erlangung einer brauchbaren Lok für die Bahn zu. 500 Pfund winkten demjenigen als Preis, der es fertigbringen würde, eine Lok zu bauen, die in der Lage war, 20,2 Tonnen Gewicht einschließlich Tender mit einer Stundengeschwindigkeit von 16 Kilometern zu befördern. Die Lok durfte nicht mehr als 6,1 t wiegen, ihr Dampfdruck 3,5 Atmosphären nicht überschreiten. Zwei Sicherheitsventile, Auspuff und Federung waren zwingend vorgeschrieben. Sieger sollte die Lok werden, die zwanzigmal den 3,22 km langen ebenen Streckenabschnitt in der Nähe von Rainhill ohne jede Störung durchfahren würde. Und billig mußte die Lok obendrein noch sein, sie durfte nicht mehr als 550 Pfund kosten.

Das waren Bedingungen, aus denen so recht hervorging, welcher Wertschätzung sich seinerzeit die Dampfwagen erfreuten. Mit den vorhandenen Maschinen waren sie kaum zu erfüllen, die Konstrukteure mußten sich schon etwas Neues einfallen lassen.

Ein fieberhaftes, geheimnisvolles Schaffen in den Werkstätten begann. Die Zeit drängte, am 1. Oktober 1829 sollten alle Maschinen, die am Wettbewerb teilnehmen wollten, auf den Gleisen der Bahn stehen. Es wurde geschmiedet, gehämmert, geschraubt, gegossen. Die Werkstätten waren verrammelt und verriegelt, jedermann hütete ängstlich das Geheimnis, mit dem er den Gegner aus dem Felde zu schlagen gedachte.

Die gleiche Begeisterung hatte auch die Bewohner von Liverpool, Manchester und aller Orte, die an der Bahnstrecke lagen, gepackt. Ein Lokomotivrennen! Das war einmal eine Sensation, wie sie noch nie dagewesen war. Pferderennen konnte man oft erleben, aber eine Lokomotivwettfahrt? Mit jedem Tag, der den Oktober näher brachte, stiegen Spannung und Erwartung.

Endlich kam der Termin heran, und von seiten des Direktoriums sickerte durch, daß fünf Maschinen gemeldet waren. Für den 6. Oktober war eine Art Abnahmeprüfung festgesetzt, um festzustellen, inwieweit die Loks den gestellten Bedingungen entsprachen. Die eigentlichen Wettfahrten sollten in den Vormittagsstunden des 7. Oktober beginnen.

Mit würdevollen Gesichtern standen die Herren des Direktoriums an der Strecke, als jede der gemeldeten Lokomotiven vorgeführt und begutachtet wurde.

Als erste Maschine erscheint ein qualmendes und spuckendes Ungeheuer, das den stolzen Namen „The Perseverance", die Ausdauer, trägt. Ungeheure Qualmwolken stößt es aus, aber als der Abnahmeleiter das Zeichen zur Fahrt gibt, da vermag sich das Vehikel nur mit allergrößter Anstrengung im Schrittempo fortzubewegen.

„Abgelehnt wegen Nichterfüllung der Bedingungen", lautet das einstimmige Urteil der Jury. Von dieser Sorte fahren schon genug Dinger in England herum, die will man nicht mehr sehen.

Maschine zwei gleitet sanft und ruhig heran. Oh, was ist das? Eine Lok ohne Rauch? Was die erste zuviel produzierte, hat diese zuwenig? „Zyklopenfuß" ist ihr Name, der in großen Buchstaben an der Seite prangt. Eine neuartige Konstruktion, das muß man schon sagen. Das hohe Gericht besieht sich das Gefährt näher, man tritt an den kastenförmigen Aufbau heran, hinter dem es so geräuschlos zugeht, und siehe da, freudiges Wiehern begrüßt die Kommission. Ein braves Pferd steckt im Innern der Atrappe. Der Erbauer, Brandreth, muß unter Gelächter und Schimpfen das Weite suchen.

Nun aber rollt die dritte Maschine heran, die „Novelty", Neuheit, von den Ingenieuren Braithwaite und Ericsson gebaut. Das sind bekannte und geachtete Namen in England. John Braithwaite ist Fabrikant und Johan Ericsson, abgedankter Hauptmann der schwedischen Armee, hat durch allerlei Erfindungen bereits von sich reden gemacht. Am meisten ist er durch seine Dampfspritze bekannt geworden, und der preußische König Friedrich Wilhelm der Dritte hat sogar eine für seine Schloßfeuerwehr gekauft. Kein Wunder also, daß die Novelty einer Dampfspritze recht ähnlich sieht: Ein kleines, lustiges Wägelchen mit einem dünnen Schornstein und einem Blasebalg. Obenauf stehen zwei Eimer Kohlen, damit das Feuer nicht ausgeht. Aber sie fährt, und gar nicht schlecht. Die Bedingungen sind erfüllt, die „Neuheit" wird zum Wettbewerb zugelassen.

Jetzt poltert die vierte Maschine heran, ein Ungeheuer mit langem Schlot, schwer und wuchtig gebaut. Das stellt man gleich zu Anfang fest: Sie ist schwerer, als die Bedingungen vorgesehen haben. Ihr Name „Le Sans Pareil", die Unvergleichliche, scheint daher nicht aus der Luft gegriffen. Aber ihr Erbauer ist Timothy Hackworth, ein Name, der für sich selbst spricht. Man drückt beide Augen zu, die Unvergleichliche wird zugelassen.

Auch die fünfte Maschine passiert glatt die Jury. Sie heißt „Rocket", Rakete, und ist von Stephenson als Fabrik-Nr. 19 gebaut. — Donnerwetter — die Preisrichter schauen sich verblüfft an. Wie sieht denn die aus? Was erklärt da der Stephenson? In dem Kessel sind lauter Rohre, durch welche die Heizgase ziehen, wenn sie zum Schornstein strömen? Und der Feuerraum ist extra hinter dem Kessel angebracht und ebenfalls von Wasser umgeben? Firebox, Feuerbüchse heißt er das! Toller Bursche, dieser „Steevie"! Wie er das nur wieder gemacht hat!

Stephenson und Henry Booth, der kluge Erfinder dieses Röhrenkessels, blinzeln sich verständnisvoll zu.

Also drei Lokomotiven sind übriggeblieben. Nun, man würde sehen. Für den 7. Oktober werden die Wettfahrten offiziell festgesetzt.

Himmel, das ist eine Völkerwanderung am nächsten Morgen. Aus allen Himmelsrichtungen strömen die Leute herbei, zu Fuß, zu Roß, zu Wagen. Aus Manchester, aus Liverpool, selbst aus London sind sie herbeigeeilt, um das Schauspiel zu genießen. Hunderte sind es, nein, Tausende. Die ganze Rennstrecke wird dicht mit Zuschauern besetzt. Picknickkörbe werden ausgepackt, fliegende Händler sind zur Stelle und bieten ihre Waren an, es geht zu wie auf einem Rummelplatz. Wie Fieber breitet sich die Erregung über die Neugierigen aus. Was würde alles geschehen? Würde eine Maschine explodieren? Zerplatzen wie eine Seifenblase? Huh! Man würde Tote und Verwundete davontragen, abgerissene Glieder würden umherfliegen. Oder es würde ein Brand entstehen, siedendes Wasser umherspritzen, Ingenieure zu formlosen Klumpen verbrüht. Sensation — Nervenkitzel wie nie zuvor!

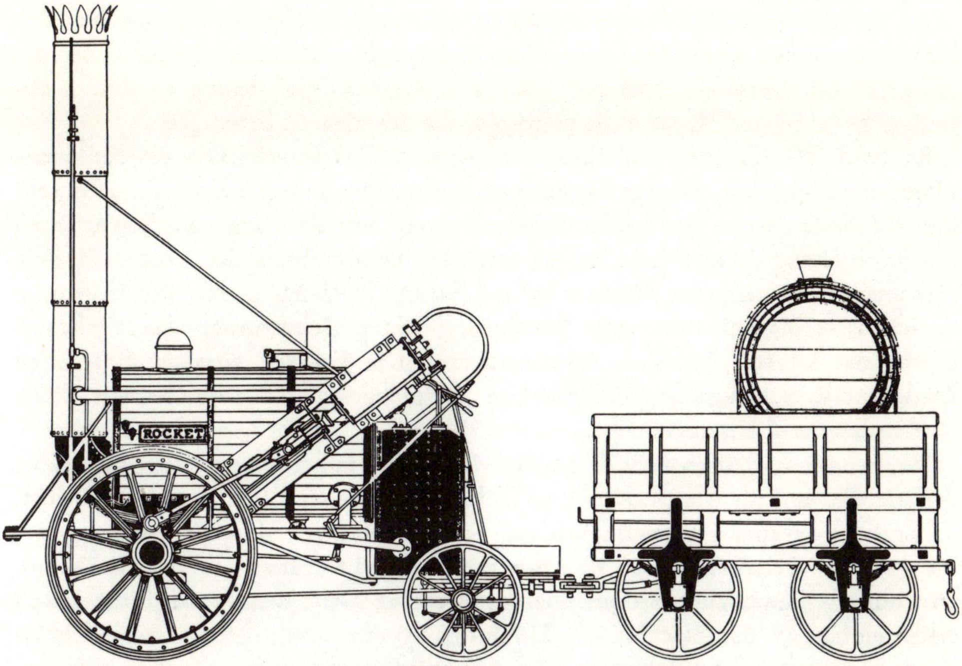

Stephensons „Rocket" gewann den Rainhill-Wettbewerb. Sie erfüllte als einzige Maschine alle Bedingungen und führte alle Fahrten aus.

Aber noch bevor die Preisrichter ihre Plätze eingenommen haben, passiert eine Panne. Die Blasebälge der „Neuheit" werden undicht, sie versagen, die Lok kann nicht fahren. Als die Herren von der Kommission erscheinen, werden sie bereits mit Pfiffen empfangen, das Versagen der „Neuheit" hat sich herumgesprochen. Zu allem Überfluß meldet jetzt auch noch Hackworth, daß der Kessel seiner Lok undicht ist und repariert werden muß.

Enttäuschung auf allen Gesichtern, Pfiffe, Johlen, Verwünschungen. Dem Kollegium wird es unbehaglich ob der Unruhe des Publikums. Da springt Stephenson in die Bresche, führt seine Maschine vor, hängt einen Wagen an und rollt mit dreißig Personen über die Strecke. Den Zuschauern vergeht der Atem ob der nie zuvor dagewesenen Geschwindigkeit von über fünfunddreißig Kilometer in der Stunde. Das Erstaunen geht in überwältigende Begeisterung über.

Die Wettfahrten werden auf den nächsten Tag verschoben, da die beiden anderen Maschinen ihre Schäden nicht beheben können. Punkt 8 Uhr in der Frühe soll das Zeichen zur ersten Fahrt gegeben werden.

Wenige Menschen, die in jener Nacht geschlafen haben. Die Zuschauer sind zu erregt, und die Maschinenbauer haben alle Hände voll zu tun, ihre Fahrzeuge herzurichten. Stephenson Vater und Sohn Robert, sein Helfer und Mitinhaber der Fabrik, sind zwar ruhig, aber dennoch nicht ohne Sorge, daß irgendein tragisches Mißgeschick auch ihnen einen Streich spielen könne.

Der denkwürdige 8. Oktober bricht an. Die Erwartung der Menge hat sich zum Höhepunkt gesteigert. Auf dem Startplatz steht als einzige Lok die „Rakete“ Stephensons. „Neuheit“ und „Unvergleichliche“ haben wiederum abgesagt. Es ist in der Nacht nicht gelungen, die Schäden zu beseitigen.

Da beschließt die Jury, nicht länger zu warten. Das Startzeichen, ein Kanonenschuß, wird gegeben, George Stephenson öffnet den Dampfhahn, die „Rocket“ beginnt ihre Fahrt in den kühlen Herbstmorgen. Schneller und schneller arbeiten die Kurbelstangen, und bald ist sie aus dem Gesichtskreis der Zuschauer verschwunden. Zwanzigmal donnert sie die Strecke entlang, genau wie es vorgeschrieben ist. Zwanzigmal zeigt Stephenson seinen Zeitgenossen das Verkehrsmittel, das künftig die Welt verändern soll. Die Fahrten werden ohne jeden Zwischenfall zurückgelegt, die mittlere Stundengeschwindigkeit beträgt dabei zweiundzwanzig Kilometer.

Stephenson hat offensichtlich gesiegt. Bei jeder Fahrt steigert sich der Jubel der Menge, und als die „Rocket“ nach der zwanzigsten Fahrt das Ziel erreicht, da brandet es zum Himmel: „Steevie, Steevie, Steevie!“ Die Begeisterung der Menge kennt keine Grenzen. Man umarmt sich, man drängt sich zu Stephenson, um ihm die Hand zu schütteln. Der größte Sieg aber, den der einfache Mann errungen hat, ist der Beschluß des Direktoriums der Bahn, der noch am gleichen Tage gefaßt wird: Die Bahn wird mit Lokomotiven betrieben.

Am 8. Oktober 1829 beginnt der große Siegeszug der Dampflok durch die ganze Welt.

Aber man ist gerecht. Stephenson soll den Siegespreis nicht eher erhalten, bis auch die anderen beiden Bewerber Gelegenheit hatten, ihre Maschinen vorzuführen. Doch die Zuschauer werden auf eine harte Probe gestellt. Viele verlassen den Kampfplatz. Erst am 10. Oktober ist die „Novelty“ startklar. Das Pfeifen, das Ericsson empfängt, ist nur der Auftakt zu den Mißfallensäußerungen, die einsetzen, als gleich bei der ersten Fahrt das Pumpenrohr der „Novelty“ bricht und die Lok abgeschleppt werden muß.

Die „Sans Pareil“ Hackworths ist erst am 13. Oktober wiederhergestellt. Als sie ihre erste Fahrt antritt, bricht ebenfalls ein Rohr, sie bleibt auf der Strecke liegen. Jetzt erscheint Ericsson noch einmal und bittet eine dritte Fahrt versuchen zu dürfen. Das Zeichen wird gegeben, die „Neuheit“ startet abermals. Nach einem Kilometer Fahrt bleibt sie wieder hilflos dampfend auf der Strecke liegen. Es rächte sich bitter, daß man bei ihrem Bau in großer Hast und Überstürzung vorgegangen war. Nun, die Karikaturisten erhielten Stoff genug, die Leistungen der Bewerber dem Publikum, das nicht dabeigewesen war, in den Zeitungen vorzuführen.

Stephenson blieb unbestrittener Sieger. Der Preis wurde ihm zuerkannt. Voller Freude unternahm er nach der Preisverteilung noch eine Ehrenrunde mit der „Rocket“ allein, ohne angehängten Wagen. Es gelang ihm, zum erstenmal in der Geschichte des Verkehrswesens eine Geschwindigkeit von über 50 Kilometer je Stunde zu erreichen.

Stephenson war der Held des Tages, mehr noch, der Held der Nation. Die Nachricht von dem glücklichen Ausgang des Lokomotivrennens eilte um die ganze Welt. Stephensons Sieg machte die Dampflok zum feststehenden Begriff in der Vorstellungswelt des Menschen. Seine „Rocket“ zeigte alle Merkmale unserer heutigen Dampflok: Röhrenkessel, wasserumspülte Feuerbüchse, Blasrohr, das den Abdampf der Zylinder in den Schornstein leitet, unmittelbarer Antrieb auf die Treibachse vom Kolben über die Kurbelstange.

Stephensons „Rocket“ ist die Urahne aller gebauten Dampflokomotiven bis zum heutigen Tag geblieben.

Lokomotivrennen in Berlin

Nun baute alle Welt Eisenbahnen. Amerika, Frankreich, Belgien, Deutschland. Als die Manchester-Liverpool-Eisenbahn am 15. September 1830 eingeweiht wurde, da nahmen Vertreter fast aller Nationen daran teil. Das gesamte Abendland feierte diesen Tag als den Beginn einer neuen Zeit. Überall läuteten die Glocken, saßen festlich gestimmte Menschen beieinander und berieten, wie sie auch in ihrem Lande zu einer Eisenbahn kommen könnten. In Deutschland waren es im Jahre 1835 zuerst die beiden Städte Nürnberg und Fürth, die dank der Arbeit begeisterter und unermüdlicher Männer eine Eisenbahn bauten. Die erste Lok, genannt „Der Adler", war aus der Stephensonschen Fabrik bezogen und trug bereits die Fabriknummer 118. Einhundertachtzehn Maschinen hatte also Stephenson bereits in alle Welt geliefert. Und dabei besaß er längst nicht mehr das einzige Unternehmen, das Dampfwagen baute.

So schnell ging das damals alles. Das Wirken Friedrich Lists fand seinen ersten Erfolg in der Eröffnung einer zweiten Eisenbahn in Deutschland am 24. April 1837: die Strecke Leipzig — Althen als Teilstück einer Bahn von Leipzig nach Dresden, die 1839 dem Betrieb übergeben wurde. Ihr folgte am 29. Oktober 1838 die Eisenbahn von Berlin nach Potsdam. Sechs Lokomotiven hatte Stephenson dafür gebaut. Sharp-Roberts hieß eine andere englische Firma, die viele Dampfwagen nach Deutschland lieferte, und auch die Amerikaner, die sich rechtzeitig für den neuen Fabrikationszweig interessiert hatten, schickten bald die ersten Loks nach dem Kontinent, denen sogar der Ruf besonderer Leistungsfähigkeit vorausging. 1828 war die erste Lok nach den USA gekommen, 1831 gründete Baldwin die berühmten Lokomotivwerke in Philadelphia. Im gleichen Jahre nahm auch Norris die Lieferungen von Lokomotiven auf und gründete sogar in Österreich ein Zweigwerk. Es schien, als sollten England und Amerika allein das Monopol auf Lieferung von Dampfloks behalten, bis eines Tages . . .

War das ein schöner Sommermorgen, dieser 24. Juli des Jahres 1841. In der Nacht war ein kurzes, aber kräftiges Gewitter niedergegangen, dafür strahlte am Morgen die Sonne um so reiner und klarer, und überall in den Gärten stand der Tau auf Blüten und Gräsern. Früh am Morgen hatte man den Schritt der Arbeitsmänner gehört, die wie immer zu den neu entstandenen Maschinenfabriken und Eisengießereien gegangen waren. Dann hatten die Bäckerjungen die dampfenden Semmeln in die Häuser getragen — ein Tag, wie jeder andere.

„Der Adler", 1835, Lokomotive der ersten deutschen Eisenbahn Nürnberg — Fürth.

Und doch, irgend etwas lag in der Luft. Die Hausfrauen, die ihre Putztücher aus den Fenstern schüttelten, blickten neugierig den vielen Kutschen nach, die alle in Richtung auf den kürzlich neu eröffneten Anhalter Bahnhof (diesen Namen erhielt er erst später) über das holprige Kopfsteinpflaster ratterten. Jetzt war schon die sechste im Verlaufe einer Viertelstunde vorübergekommen. Was mochte es da nur wieder geben, überlegten die Leute, als sie nach den Herren mit den hohen Zylinderhüten ausblickten.

„Sicha wieda wat mit die neumodische Eiserbahne!"

Wer aber in der Nähe des Bahnhofs wohnte — viele Häuser standen da zwar noch nicht —, der runzelte die Stirn und dachte grollend daran, wie jetzt grelle Lokomotivpfiffe die einstmals so erbauliche Ruhe der Gegend um das Hallesche Tor störten.

Und das alles nur, weil kein Mensch mehr Zeit hatte! Als ob man etwas dabei gewönne, eine Stunde eher als mit der Postkutsche in Teltow zu sein.

Eben rollte wieder ein Wagen vorüber. Zwei würdige, bejahrte Herren saßen darin und unterhielten sich lebhaft.

„Merkwürdig", Geheimrat Weiß lehnte sich etwas zurück, „merkwürdig, wie sich doch alles in den letzten Jahren gewandelt hat! Nun haben wir schon die zweite Eisenbahn in Berlin, und an der dritten Strecke ist mit den Arbeiten bereits begonnen worden. Erst die Berlin-Potsdamer-Eisenbahn, jetzt noch die Berlin-Anhalter-Eisenbahn — und wie lange wird es dauern — bald fahren wir zur Eröffnung der Berlin-Stettiner-Bahn, wenn wir noch am Leben sind. Wie soll das eines Tages enden? Man wird vor lauter Eisenbahnen kein ruhiges Fleckchen Erde mehr finden!"

Der Herr Oberbaurat von Puttkammer runzelte die Stirn und nickte mit dem mächtigen ergrauten Haupt:

„Tja, wir werden älter, lieber Baron, älter, und die Zeit schreitet voran, da hilft nun einmal alles nichts. Und was uns in unserem deutschen Vaterlande noch blüht? Schauen Sie nach England, Baron, da fahren allerorten Eisenbahnen, und der Mister Stephenson muß Maschinen über Maschinen bauen, man reißt sich ja förmlich um sie. Allerdings hörte ich kürzlich, daß die Dampfwagen, welche der Norris in Philadelphia liefert, noch besser sein sollen. Warum, weiß ich zwar nicht, 's wird wohl sein, weil sie aus Amerika kommen."

„Ach", erwiderte der Baron, „ich bin ein alter Mann, von Dampfwagen verstehe ich herzlich wenig. Ich wundere mich nur immer, wie schnell so eine Neuerung um sich greift. Wann war doch das Lokomotivrennen damals in England?"

„Das war Anno 29, Baron!"

„Richtig, 29 war es. Das ist gerade eben 12 Jahre her. 1835 hat der Scharrer in Nürnberg schon den Bau einer Eisenbahn durchgesetzt, und wenn es nach diesem Demagogen, dem List, gegangen wäre, dann hätten wir heute schon mehr Bahnstrecken, als wir überhaupt gebrauchen können. In Braunschweig und München fährt eine Bahn, und wenn ich mich recht erinnere, in Mannheim ebenfalls. Man sollte es auch nicht übertreiben."

Die Kutsche holperte sehr auf dem schlechten Pflaster, schon kam der Potsdamer Bahnhof in Sicht. Nun mußten sie bald ihr Ziel, den neuen Bahnhof der Bahn nach Jüterbog, erreicht haben.

„Sagen Sie, Exzellenz", nahm Baron Weiß das Gespräch wieder auf, „wer hätte je gedacht, daß wir hier in Berlin auch einmal Lokomotivwettfahrten veranstalten. So etwas traut man doch nur den Engländern zu. Aber mir ist immer, als hätte ich schon einmal etwas von einer in Deutschland gebauten Dampflokomotive gehört. Wissen Sie Näheres darüber? War das nicht in Sachsen?"

„Richtig, Baron, das ist eben drei Jahre her. Ich bin seinerzeit einmal in Leipzig gewesen und habe sie mir angesehen. Gar nicht schlecht, was Professor Schubert da geleistet hat. ‚Saxonia' heißt der Dampfwagen. Man sagt allgemein, daß es die allererste in Deutschland gebaute Lokomotive sei. Inzwischen ist aber noch weiteres geschehen. Die Sächsische Maschinenbau-Compagnie in Chemnitz hat zwei Dampfwagen gebaut, desgleichen die Firmen Jacobi, Haniel und Huyssen in Sterkrade, Dobbs und Poensgen in Aachen, Welver in Barmen und nicht zuletzt — Sie erinnern sich bestimmt — unser allbekannter Freund Dr. Kufahl hier in Berlin. Das sollen zwar alles ganz brauchbare Lokomotiven gewesen sein, aber Einzelgänger. Eine richtige industrielle Fertigung wie die Engländer haben wir noch nicht zustande bekommen. Man steht den deutschen Maschinen mißtrauisch gegenüber."

„Hochinteressant, Exzellenz. Das wußte ich alles nicht. Nun, vielleicht ist heute der Tag, an dem wir die Geburtsstunde der heimischen Dampfwagenindustrie erleben. Wer kann es wissen? Der Borsig ist ein tüchtiger Mann und versteht etwas von seinem Fach. Er wird es zwar schwer haben, sich gegen die Engländer zu behaupten. Ich hörte, Stephenson habe extra einen Werkmeister seiner Fabrik zu uns geschickt zur Unterstützung seiner englischen Maschinisten. Aber ich besitze allerhand Zutrauen zu unsrem Borsig. Der ist vom Schlage der Männer, die wir in Deutschland brauchen, wenn wir eine Industrie aufbauen wollen."

„Hm, hm", der Oberbaurat brummte etwas vor sich hin, „hätte nichts dagegen, wenn der Borsig den Sieger stellte. Vielleicht gelingt es ihm? Warum soll man es ihm nicht zutrauen? Möchte fast behaupten, daß sich deutsche Gründlichkeit und deutscher Fleiß letzten Endes durchsetzen."

Unter solchen Gesprächen war man am Bahnhof der Anhalter Eisenbahn angekommen. Es herrschte bereits reger Betrieb. Das Direktorium der Bahn war versammelt, geladene Gäste, hohe und höchste Herrschaften. Man war gern gekommen, gab es doch ein nicht alltägliches Schauspiel zu sehen.

Da hatte der Berliner Eisengießer August Borsig selbst eine Lokomotive gebaut und der Anhalter Bahn zum Kauf angeboten. Er behauptete dreist, seine Lok sei genauso gut wie die englischen oder amerikanischen. Und was die können, das könne er auch, man solle doch einmal probieren. Nun, zuzutrauen war es ihm schon, dem alten Tüftler und Eisenkopf. Warum sollte er nicht den Norris-Dampfwagen, welche die Potsdamer Bahn zwecks Reparatur zu ihm brachte, eine Menge abgeguckt haben? Gerade bei der Beseitigung von Schäden konnte er ja genau feststellen, was mangelhaft an den ausländischen Maschinen war. Und sie mußten recht oft in Reparatur. Kein Wunder, daß der Gedanke in ihm aufkommen mußte, es besser zu machen.

August Borsig hatte eine eigene Lokomotive gebaut. Gewiß, zugegeben, etwas ulkig sah sie ja aus, und eigentlich hatte sie eine Achse zuviel. Dafür war es aber auch erstklassige Arbeit. Die kriegte so rasch keiner kaputt, mochte sie nun aussehen, wie sie wollte. Dr. Kufahls Lok hatte noch alberner ausgesehen. Und war auch gefahren. Im übrigen, August Borsig wußte, was er wollte.

Nun war der Tag gekommen, an dem seine Lokomotive vor geladenen Gästen den Wettkampf mit den Engländern aufnehmen sollte. Es waren recht neugierige Blicke, mit denen die Herrschaften den Dampfwagen musterten, der leise zischend auf dem Bahnsteiggleise stand. „Borsig" konnte man als Name auf dem Messingschild am Kessel lesen. Werkmeister Müller, der alte treue Mitarbeiter Borsigs, schaufelte Kohlen in das Feuerloch, aus dem die gelbe Flamme leckte. Zuversicht sprach aus seinem zufriedenen Gesicht. Gestern abend hatte man schon eine Probefahrt hinter sich gebracht, alles war glattgegangen. Man war bis Jüterbog und zurück gefahren, die Maschine war einwandfrei gelaufen, nicht der geringste Fehler oder Mangel hatte sich gezeigt. Es konnte ja gar nichts schiefgehen.

Der breitschultrige Mann, der inzwischen die Herren mit den Zylinderhüten begrüßte, wurde neugierig beobachtet. Das war also Borsig! Nicht unsympathisch. Man konnte ihm schon mancherlei zutrauen. Er hatte so etwas Ruhiges, aber Bestimmtes an sich. Und den Händedruck, au, den spürte man wahrhaftig den ganzen Tag.

Die Bedingungen wurden festgesetzt. Jede Maschine sollte einmal die Strecke nach Jüterbog durchlaufen mit der größten Geschwindigkeit, die ihr möglich war. Allerdings mußte man hintereinander fahren, die Strecke war eingleisig. Die Herren waren großzügig, sie gaben der deutschen Maschine den Vortritt. Erst sollte Borsig fahren, dann im Abstand von 10 Minuten die Engländer. Wahrscheinlich würden sie Borsig bald eingeholt haben, dann konnten sie ihn gleich abschleppen.

Mißgünstig betrachtete der englische Werkmeister den lästigen Konkurrenten, der da plötzlich und unerwartet auf dem Platze erschienen war. Man mußte aufpassen und diesem Burschen beizeiten das Handwerk legen. Bei diesem Gedanken ging ein höchst verdächtiges, zufriedenes Grinsen über sein Gesicht.

Ein letzter Händedruck, ein paar Ansprachen, wohlwollende Gesichter verabschieden Borsig, der sich zu Müller auf die Maschine schwingt. Der volle Kesseldruck ist erreicht, Dampf zischt bereits aus dem Sicherheitsventil.

„Fertig, Borsig?“ ruft der Bahnhofsvorsteher den beiden Männern auf der Maschine zu.

„Fertig! Kann losgehen!“

Die Herren vergleichen die Uhren, Blicke verharren sekundenlang auf Zifferblättern. Eine behandschuhte Hand winkt.

„Abfahren!“

Ein kurzer Pfiff, mit festem geübtem Griff stößt Müller den Dampfhahn auf, die Fahrt beginnt — nein—, was ist das?

Müller wird nervös. Er schließt den Hahn wieder, öffnet ihn langsam. Nichts rührt sich. Wohl hört man das Zischen des Dampfes — das ist alles.

„Himmelherrgott — — — !“

Müller legt den großen Steuerungshebel nach rückwärts, vielleicht kriegt ein Zylinder nicht genügend Dampf. Hahn auf — nichts. Hahn wieder zu, Steuerungshebel nach vorwärts, die Gabeln der Gabelsteuerung klicken ein. Dampfhahn auf — nichts.

Die Herren auf dem Bahnsteig können ein leichtes Lächeln nicht unterdrücken, als sie die beiden ratlosen Männer auf der Maschine sehen. Natürlich Borsig! Es mußte ja so kommen. Er hat sich mal wieder übernommen und zuviel zugetraut. Aber diese Blamage sollte er sich und allen Honoratioren wahrhaftig erspart haben.

Drüben, auf der englischen Lok, lehnt mit zufriedenem Grinsen der Werkmeister über der Tenderbrüstung.

Müller fängt einen dieser schadenfrohen Blicke. Er pfeift durch die Zähne. Sollte . . .?

Borsig und Müller klettern die Leiter hinab, schreiten suchend um ihre dampfende, hochbeinige Lok. Ist doch alles in Ordnung. Alles in bestem Zustand! Alle Schrauben fest, Kolben und Treibstange gut geschmiert. Ja, zum Henker, warum läuft sie denn nicht? Borsig wird krebsrot im Gesicht. Ausgerechnet vor dem ganzen Direktorium diese Pleite. Es ist zum Haare ausraufen!

Der argwöhnische Müller denkt an das Grinsen des Engländers. Er kann einen

Die erste Borsig-Lokomotive aus dem Jahre 1841.

bestimmten Verdacht nicht loswerden und schleicht wie ein Luchs um das Fahrzeug, jede einzelne Schraube förmlich mit den Blicken durchdringend. Da — mit dem Zylinderdeckel ist doch etwas nicht in Ordnung? Er kennt doch seine Maschine, er weiß, wie jede einzelne Mutter und Schraube sitzen muß. Er ruft Borsig herbei. Die Muttern am Zylinderdeckel sitzen anders als am Vorabend.

An denen war geschraubt worden. Er springt über das Gleis auf die andere Seite der Lok — auch hier. Irgendwer mußte sich nachts an den Zylinderdeckeln zu schaffen gemacht haben. Aha — er muß immer an das schadenfrohe Gesicht denken. So ist das also. Man wird sich künftig vorzusehen wissen!

Dann sind sie auch schon an der Arbeit, Müller, Borsig und noch ein paar Monteure. Im Nu sind die Muttern gelöst, der Deckel wird abgehoben — da liegt die Bescherung. Ruchlose Hand hat über Nacht beide Kolben nachgespannt, so daß sie wie festgekeilt in den Zylindern sitzen.

Der Oberbaurat besieht sich den Schaden. Er sagt kein Wort.

Dann kräftige Hammerschläge, einige Umdrehungen mit dem Schraubenschlüssel. Die Herren mit den Zylinderhüten tuscheln, während Müller die Muttern an den Deckeln wieder festzieht. Der englische Werkmeister ist plötzlich verschwunden.

„Fertig!" ruft Müller, während Borsig auf die Maschine klettert. Gott sei Dank, das ist noch einmal gut gegangen. Hoffentlich kommt nichts Neues dazwischen. Der starke Mann wischt sich den Schweiß von der Stirn.

Wieder Uhrenvergleich. Müller hat Kohlen nachgeschaufelt. Die behandschuhte Hand winkt abermals.

Müller packt den Dampfhahn. Alle Muskeln seines Gesichts sind gespannt. Die Rechte zieht an der Dampfpfeife ein kurzes Signal. Da — ohrenbetäubendes Zischen — eine Dampfwolke — ist schon wieder . . .? Nein, langsam taucht die Kolbenstange aus dem Zylinder, schiebt die Kurbel nach hinten, das große Treibrad bewegt sich — sie fährt — sie fährt!

Tiefes Aufatmen. Die Männer am Bahnsteig brechen in frohe Rufe aus. Einige Tücher winken. Die Maschinisten sehen es nicht. Ihr Blick ist auf die Strecke gerichtet, mit dem Ohr lauschen sie auf jeden Ton ihrer Lok. Schneller und schneller pufft die „Borsig" los. Bald ist der Bahnhof verschwunden, es geht in freies Land hinaus, in den lachenden, sonnigen Julimorgen.

Zehn Minuten später geht die englische Maschine auf die Reise.

Schweigend stehen Borsig und Müller auf der rüttelnden, tobenden Lok. Ihre Nerven sind angespannt, sie horchen auf jedes Geräusch. Wie viel hängt doch vom Gelingen dieser Fahrt ab! Aber die Kolben flitzen hin und her, die Pumpen funktionieren, alles klappt genau so wie bei der gestrigen Probefahrt. Müller schaufelt Kohlen und wieder Kohlen, eine schwarze Qualmwolke liegt noch lange, nachdem die Lok vorübergefahren ist, über dem Gleis. Groß-Beeren fliegt vorüber. Der Bahnhofsvorsteher grüßt stramm, als sie vorüberrattern. Dann kommen Ludwigsfelde, Trebbin, Luckenwalde. Allmählich werden die Männer wieder zuversichtlich. Immerhin, sie wissen jetzt, was sie von der Konkurrenz zu erwarten haben.

Jüterbog kommt in Sicht. Die Bahn hat hier ihr vorläufiges Ende. Aus voller Fahrt heraus bremst Müller ab. Zischend rollt die Lok an den Bahnsteig.

Dann springen beide vom Führerstand herab, nehmen die Uhren zur Hand und starren in die flimmernde Mittagshitze hinein, in die Richtung, aus welcher die Engländer kommen müssen. Sie sind mit einer Stundengeschwindigkeit von fünfundfünfzig Kilometer gefahren.

Acht Minuten — neun — zehn — nichts rührt sich.

Borsig und Müller schauen sich an. Sollte das Glück alles wieder gutmachen? Sollten sie . . .?

Nicht zu früh jubeln. Doch die Zeit vergeht. Zwölf Minuten — dreizehn — fünfzehn Minuten vergehen — nichts.

Ein Ruf kommt aus Borsigs breiter Brust: „Mann, Müller, alte treue Seele — wir haben gewonnen!"

Nach zwanzig Minuten kommen die Engländer.

Borsig war um zehn Minuten schneller.

Am 24. Juli 1841 beginnt die Geschichte der deutschen Lokomotivindustrie.

Lokomotivführerdienst damals

So eroberte sich die Energie „Dampf" den Schienenstrang.

Wie eine Lawine kam die Lokomotive über die staunende Menschheit, und wir machen uns heute keinen Begriff mehr, wie überwältigend damals die aufkommende Technik und besonders die Eisenbahn auf den Menschen gewirkt hat. Eine neue Bauart folgte der anderen, immer stärker, immer besser. Hatten die frühen Lokomotiven nur ein einziges großes Treibrad auf jeder Seite, so wurden es bald deren zwei. Im Jahre 1834 baute Stephenson bereits eine Maschine mit drei Achsen, die durch Stangen miteinander gekuppelt waren. Bald wurden es vier, und im Jahre 1867 auf der Pariser Weltausstellung wurde bereits die erste Dampflok mit fünf gekuppelten Achsen ausgestellt und von den Zeitgenossen bestaunt. In Amerika ging alles noch viel schneller. Dort erhielten die Loks bald ein vorderes Drehgestell, welches die beiden Laufachsen zu einer Einheit verbindet.

Die ersten Bahnen wurden im Flachland gebaut. Allein, man ging auch bald daran, Eisenbahnen in die Berge zu verlegen und schuf besondere Gebirgslokomotiven. So 1849 in Deutschland, als die Württembergische Staatsbahn eine Lokomotive für ihre Geislinger Steige brauchte, jenen Aufstieg zur Schwäbischen Alb auf der Strecke Stuttgart — Ulm. „Alb" hieß die erste dreifach gekuppelte Berglok, sie war von der Maschinenfabrik Esslingen gebaut worden.

1848 begann in Österreich der Bau der ersten großen Gebirgsbahn der Eisenbahngeschichte, der Semmeringbahn. Vor ihrer Fertigstellung 1851 schrieb man wieder einen Wettbewerb aus, um die beste Lokbauart zu erhalten. Ursprünglich hatte man nämlich noch an den Betrieb durch „Pferde" gedacht. Vier Maschinen nahmen am Wettbewerb teil, zwei von ihnen besaßen schon mehrteilige Triebwerke, also Triebwerke, die in zwei selbständige Arbeitsgruppen mit jeweils eigenen Zylindern aufgeteilt sind. Sieger wurde die „Bavaria" der Münchener Lokfabrik I. A. Maffei.

Überhaupt gab es noch mehrfach Wettbewerbe. August Borsig mußte im Jahre 1843 nochmals eine schwierige Rennfahrt durchstehen. Die neugebaute Berlin-Stettiner-Eisenbahn suchte die brauchbarste Lokomotive. Der Streckenabschnitt zwischen Eberswalde und Angermünde bei Chorin war zur „Rennbahn" ausgewählt worden. Diesmal galt es, die Engländer mit einem angehängten Wagenzug zu schlagen. Borsig erzielte einen überlegenen Sieg. Seine Lok war nicht nur an Geschwindigkeit, sondern auch an Zugkraft der ausländischen weit überlegen.

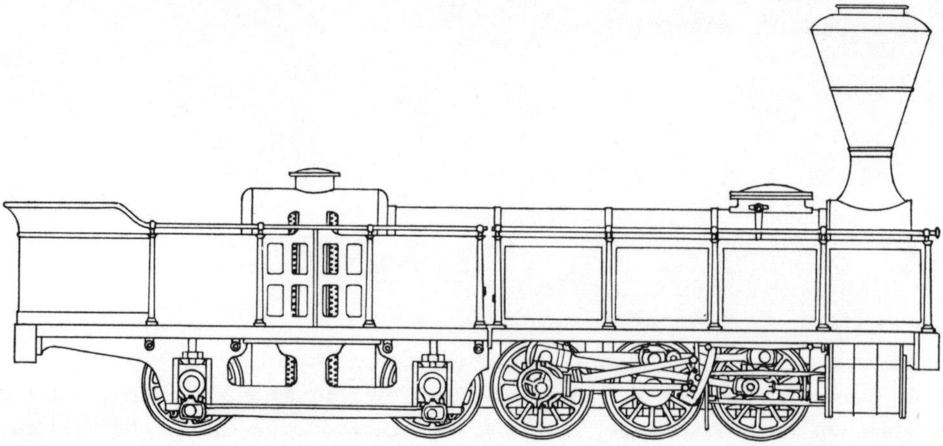

Wilhelm Engerths Entwurf für das Österreichische Verkehrsministerium aus dem Jahre 1851 — eine ausgezeichnete Gebirgslokomotive.

Neue Bauarten schossen in jenen ersten Zeiten wie Pilze aus der Erde und verschwanden auch wieder, sang- und klanglos, wie sie gekommen waren. Anfang der vierziger Jahre macht der englische Ingenieur Thomas Russell Crampton sehr von sich reden. Er hatte eine Lok gebaut, bei welcher der Kessel ganz tief lag, denn er meinte, eine tiefe Schwerpunktlage verleihe der Maschine einen besonders ruhigen Lauf. Dabei sind wir heute genau der gegenteiligen Ansicht, und der Kessel bei unseren modernen Loks liegt so hoch wie möglich. Weil nun bei der tiefen Kessellage die Treibachse unter dem Kessel keinen Platz mehr fand, verlegte er sie einfach hinter den Kessel unter das Führerhaus. Merkwürdig genug sahen diese Lokomotiven aus, aber sie liefen sehr schnell. Mit ihnen konnte erstmalig, besonders in Frankreich, ein regelrechter Schnellzugverkehr eröffnet werden (Bild 18).

Die Bauart Cramptons hat namentlich in Deutschland viele Freunde gefunden, und bis Mitte der sechziger Jahre wurden in Mittel- und Norddeutschland allenthalben Crampton-Loks gebaut. Die Maschinen der Firma Wöhlert in Berlin erfreuten sich besonderer Beliebtheit. Als aber die Züge länger und schwerer wurden, da reichte die eine Treibachse, die infolge ihrer rückwärtigen Lage nicht genügend belastet war, nicht mehr aus, sie schleuderte fortwährend. Die Lok mit zwei gekuppelten Achsen setzte sich durch und hat lange, bis zur Jahrhundertwende, das Feld behauptet (Bild 5).

Eine Zeitlang erfreute sich auch in Deutschland die amerikanische Lokbauweise mit dem vorderen Drehgestell großer Beliebtheit (Bild 26). Baden und Württemberg verwandten „Amerikaner"-Lokomotiven. Man war sehr zufrieden damit, aber Ende der sechziger Jahre zog man dann doch die einfachere und billigere Bauart ohne Drehgestell vor — bis dann um die Jahrhundertwende der große Umschwung einsetzte.

Der klassische amerikanische Typ, wie er in ganz Nordamerika verbreitet war. Diese Maschine wurde von Rogers in Paterson, N.J., um 1855 gebaut.

Als Folge des Semmering-Wettbewerbes entstand eine Lokkonstruktion, bei welcher der Tender zur Abstützung der Lokomotivlast mit herangezogen wurde. Man nennt sie Stütztenderlok. Sie war in Österreich, der Schweiz und Frankreich lange Zeit sehr beliebt, und in Deutschland führten sie Behne und Kool ein. Auch über sie ist die Zeit hinweggschritten, alle diese Sonderbauarten sind wieder verschwunden.

Diese Versuche fanden um 1870 herum ihren Abschluß. Die noch heute gebräuchliche Bauart erwies sich als beste und zweckmäßigste Form. Die Entwicklung kam in die gewohnten Bahnen, und allmählich rückten auch alle Einzelteile der Dampflok an die Stelle, wo sie heute noch ihren Platz haben.

Doch die Verhältnisse auf den einzelnen Bahnen, besonders in Europa ließen zu wünschen übrig, vom Personal wurde das Äußerste verlangt, besonders als die Lokomotiven noch kein Führerhaus besaßen und Führer und Heizer auf offener Plattform stehen mußten. Viele brave Lokmänner sind damals krank und siech geworden, haben dauernde gesundheitliche Schäden davongetragen, von den armen Bremsern gar nicht zu reden. Max-Maria v. Weber, der berühmte Eisenbahningenieur, der selbst Lokführer gewesen war, hat einen erbitterten Kampf um die Schaffung von Führerhäusern geführt.

Unsere modernen Loks haben längst allseitig geschlossene Führerhäuser. Die Lokmänner sitzen auf gepolsterten Schemeln und können ihre Aufmerksamkeit während der Fahrt ganz der Streckenbeobachtung widmen.

Ende der siebziger Jahre wurden die Züge dann auch mit selbsttätigen Bremsen ausgerüstet. 1872 erfand Heberlein eine Bremse, deren Wirkung durch die Kraft des rollenden Zuges ausgelöst wurde. Seit 1877 wurden eine Reihe verschiedener Druckluft-Bremssysteme in Deutschland ausprobiert, u. a. die von Carpenter und Schleifer. Am wirksamsten erwies sich die Westinghouse-Bremse,

1869 bereits erfunden, aber erst seit 1885 in Deutschland eingeführt, deren Verbesserung, die Knorr-Bremse, heute noch auf den deutschen Bahnen gebräuchlich ist. Das Führerbremsventil ist an die Stelle der großen Bremskurbeln getreten und wo früher kreischende Lokpfiffe das Kommando gaben, da verrät nur noch leises Zischen, daß eine einzige Hand selbst die größte Geschwindigkeit meistern und den Zug in kürzester Zeit zum Stehen bringen kann.
Max-Maria von Weber hat uns eine Schilderung von dem hinterlassen, was man in den fünfziger und sechziger Jahren des vorigen Jahrhunderts unter Pflichterfüllung verstand. Eine Darstellung der rücksichtslosen Ausbeutung der menschlichen Arbeitskraft, auch bei den Eisenbahnen, nimmt der vielgerühmten guten alten Zeit manches von ihrer Glorifizierung.

*

„Wer fährt heut den Nachtschnellzug?" fragte der Inspektor, kurz vor Mitternacht aus der Tür seines behaglichen Dienstzimmers in die Abfahrtshalle zu Frankfurt heraustretend, in die ein schneidiger Nordostwind feines Schneegestöber hereinwehte und die lange Reihe der Gasflammen bald aufflackern ließ, bald halb verlöschte. Der Schnellzug stand vor dem breiten, stattlichen Bahnsteig, die Türen der wenigen eleganten Wagen erster und zweiter Klasse, aus denen der Zug bestand, waren geöffnet und ließen in dem matt beleuchteten Innern der Abteile die wunderlichen Pelz- und Faltenmassen halb erkennen, welche die Sitze der Nachtschnellzüge im Winter anfüllen und aus denen nur hier und da eine rotgefrorene Nase oder ein atmender Mund hervorschaut und noch seltener das verschlafene, um sich blinzelnde Gesicht eines erwachenden, verdrossenen Reisenden sich erhebt, der im Zweifel, ob er sich in Prag, Dresden oder Hannover befinde, den Schaffner nach Zeit, Ort und dem Grunde fragt, „warum so lange gehalten werde". Nur wenige Reisende hatten am Ort den Zug verlassen, noch weniger waren hinzugekommen, nur hier und da schob sich eine dunkle, dick vermummte Gestalt mühsam durch die Wagentür, während die Handkarren mit nervenerschütterndem Rollen das wenige Gepäck nach dem Gepäckwagen schafften, Packer, Packmeister und Postschaffner mit monotonem Rhythmus sich Eilgut-, Gepäck- und Poststücke zuzählten und die Wagenmeister sorgsam mit Laterne und Hammer an den Wagengestellen hinkrochen, jede Achse, jedes Rad, jede Feder beleuchteten oder mit dröhnendem Hammerschlag prüften.

„Wer fährt den Nachtschnellzug?" fragt der Inspektor, der am Zuge entlang schreitet, indem sich soeben die hochbeinige Schnellzugsmaschine zischend, ohne Anstoß, geschickt an den Zug legt.

„Der alte Zimmermann", tönt die Antwort zurück, und zugleich drängt sich eine kurze, dick in einen Lederpelz, um den ein Riemen als Gurt geschnallt ist, gehüllte Gestalt zwischen dem Geländer der Maschine und dem Tender hervor und grüßt den Inspektor.

Der „alte Zimmermann“ ist ein Mann im Lebensalter der höchsten Mannesrüstigkeit, aber ein alter Lokomotivführer, denn während eines Vierteljahrhunderts auf der rüttelnden, tobenden Maschine stehend, in Wetter und Sturm, Hitze und Kälte und Regen einen Weg zurückzulegen, der zwanzigmal um den Erdball reicht, das ist eine Arbeit, die schneller zum Greise macht, als mit der Feder hinterm Ohr am warmen Ofen Akten lesen.

Zimmermann hebt bei den schwankenden, matrosenartig breitspurigen Schritten, mit denen er herankommt, beschwerlich die vom Stehen auf der dröhnenden Maschine schwach gewordenen Beine, die in dicken Filzstiefeln stecken. Er hat die Pelzmütze tief über die Ohren gezogen und ein Tuch um Genick und Hals gewunden. Aus den unbehilflichen Hüllen schaut ein kleiner Teil eines gutmütigen, heiteren, dunkel von der Kälte bronzierten Gesichts. Die fast violettglänzende Nase zeigt trotzdem keine Spur der Lichter, die hier geistige Getränke zu entzünden pflegen, die Augenlieder sind verschwollen, das Weiße der lebhaften Augen gereizt und gerötet.

„In fünf Minuten sind wir fertig, wie steht's bei Ihnen, Zimmermann?“ fragt der Inspektor.

„Verdammt kalt, Herr! 15 Grad schlecht gemessen“, entgegnet dieser, „hab' mein Direktionswarmbier schon im Leibe; meine Luise bringt mir aber noch einen Kaffee mit Rum, den trink' ich, während ich meinen „Greif“ noch einmal nachprüfe und schmiere. Teufel! gegen diesen Nordost wird heute der Schnee stechen, als würde man mit Schuhzwecken aus Blaseröhren beschossen! Da ist die Luise schon!“

Ein kleines Weib, dick beschneit, läuft in der Tat mit einem Handkorbe eilends über den Bahnsteig, knickst vor dem Inspektor und packt dann, eilends mit dem Lokomotivführer nach der Maschine schreitend, den Kaffeetopf aus, dessen Inhalt sie ihm einschenkt, während er seine mächtige Schnellzugsmaschine, die mit den glühenden Augen ihrer großen Laternen feindlich hinaus in das Schneegestöber starrt, die Ölkanne in der Hand, nochmals umschreitet, jeden Teil nochmals befühlt, sich überzeugt, ob Öl in den Schmiergefäßen, der Rost gehörig von Schlacke gereinigt, die Siederohre des Kessels von Asche befreit, nichts locker und nichts zu klamm angezogen und sein „Greif“ imstande sei, seine Riesenglieder geschmeidig spielen zu lassen, seine 150 Pferdekräfte frei zu entwickeln und seinen gewaltigen Leib mit der daran hängenden Last, über 2000 Zentner schwer, mit Adlerschnelligkeit durch die Sturmnacht fortzureißen.

„Will die Verwaltung immer noch nicht daran, euch armen Kerls Schutzkabinen auf die Maschinen zu bauen?“ fragt der Inspektor den Lokomotivführer; „ihr müßt barbarisch da vorn in einer solchen Winternacht leiden.“

„Ja, ja, die Herren in ihrem Sitzungszimmer wissen's nicht, wie ein Schneenordost schneidet“, antwortet der Führer aus seinen dicken Tüchern dumpf heraus, „und meinen, wir hörten und sähen nichts in dem Häuschen. Ob man wohl besser mit so verbundenen Ohren hört, mit so entzündeten Augen sieht?“ setzt er lachend hinzu, auf seinen Kopf deutend, und dann: „Fertig, Herr! Sie können's Zeichen geben lassen." Der Inspektor winkt, die tobende Bahnsteigglocke jagt mit grellem Schellenlaut nochmals die Schläfer in den Wagen empor und ihre letzten Töne verschwimmen in dem noch abscheulicheren, langgehaltenen Pfiffe der Maschine. Dann hört man draußen die lauten Doppelschläge der elektrischen Glocken, c, e, — c, e, —c, e, im Sturmwind verwehen.

„Gott behüt dich, Zimmermann", sagt die Frau, dem auf der Maschine stehenden Führer noch einmal die Hand reichend.

„Gute Nacht, Frau! Denkt an mich, wenn Ihr warm liegt."

„Du armer Kerl."

Er legt die pelzbehandschuhte Hand auf den Regulator, ein Ruck, die Maschine setzt sich in Bewegung, stöhnend, wie widerwillig, folgen ihr die Wagen, puffend bläst sie die erste Dampfwolke gegen das Dach der Halle, die zweite schon in das Schneegestöber, daß die Flocken wie entsetzt emporgerissen, auseinanderstieben. Heulend fällt der schneidende Sturm die beiden schweigenden Männer auf der Maschine, den Lokomotivführer und den Heizer, an, und schießt ihnen, wie Eisnadeln, horizontal fast, die im Scheine der Lokomotivlaternen glitzernden und wie Millionen kleine, kalte Quälgeister tanzenden Schneeflocken ins Gesicht. Der Führer sieht sich um, ob auf dem Zuge alles recht und in Ordnung. Der Schein der beleuchteten Wagenfenster gleitet über den Schnee. — Wie behaglich muß es in gepolsterten, warmen Abteilen sein! — auf den Wagen, wie schwarze Klumpen, sitzen die Schaffner in Pelze und Mäntel vergraben; der Sturm fährt mit wüstem Zischen zwischen Rädern und Wagen durch.

Die roten Lichter der Signale an den Ausweichungen gleiten langsam vorüber, jetzt hat der Zug das letzte Signal hinter sich und ist auf freier, offener Bahn. Rabenfinster, sturmtobend, schneedurchrieselt liegt die Nacht vor dem Führer, kaum den Schornstein seiner Maschine kann er sehen. — Und so steht er denn auf der dahinjagenden Maschine, den Blick, obwohl Sturm und Schnee seine entzündeten Augen geißeln, auf den engbegrenzten Schein gerichtet, den die Laternen der Lokomotive mit zitterndem, blau hingezogenem Strahl auf die Bahn werfen, und der beim windschnellen Laufe der Maschine die Pfähle der Telegraphenleitung in gerade herabschießende Blitze wandelt, und Bahnhäuser, Wasserkrane, Gebüsch, Felswände, Brücken wie in wilder Hast auf ihn losstürmende Trugbilder aus der Nacht emportauchen und eilends wieder versinken macht.

Zuweilen blinken, wie rot auftauchende freundliche Sterne, Lichter aus Hütten nahegelegener Dörfer herüber. — „Wie warm und sicher und traulich muß es um diese herum sein!" Doch da sind sie schon wieder verschwunden in einem wilden Wirbel aufgepeitschten Schnees oder puffigen Massen Dampfes, die die Maschine windabwärts schleudert und die sie wallend und wälzend begleiten, wie die Dämonen ihrer eigenen Hast und Eile. Vorbei! Vorbei! Vorwärts! Er öffnet den Regulator weiter, rascher noch wird das Tempo der rasselnden Schläge, eilender noch schießt der Zug in die Nacht hinein. — „Feuern!" ruft er, nachdem der Flug eine Viertelstunde gedauert, seinem Heizer durch den

Sturm zu, der durch den Lauf der Maschine vermehrt, den Schall vom Munde jagt, so daß das noch dazu von Prasseln, Zischen, Klappern und Heulen übertäubte Wort kaum das Ohr des Nächststehenden zu erreichen vermag.

Der Heizer greift nach der Kohlenschaufel, während der Führer die Tür der Lokomotivfeuerung aufreißt. Ein ungeheures, glänzendes Lichtbündel fährt aus der weißglühenden Feuermasse durch die Tür fast senkrecht nach dem Himmel empor, verwandelt die Dampfmasse in eine wilde, rotglühende Jagd der Hölle und berührt mit seinem Strahlenbündel das tief hinziehende Schneegewölk. In dem Glutlichte duckt sich die dunkle Gestalt des Heizers etwa zehnmal hin und her, jedesmal auf dem Tender die schwere Kohlenschaufel füllend und sie in die Feuerung ausstürzend. Er hat etwa zwei Zentner neues Brennmaterial in die weißglühende Masse geworfen. Der Lokomotivführer schließt die Feuertür, das Strahlenbündel, das aus ihr schoß, erlischt, und erhitzt und aufatmend tritt der Heizer an seinen Posten zurück, während eine ungeheure, prachtvolle Funkenmasse wie das schönste Feuerwerk dem Schornstein entströmt, dessen gewaltiger, künstlicher Zug die leichteren Teile des frisch aufgeworfenen Brennstoffs rasch entzündet, als zischende Funken in den Schneesturm hinausschleudert. —

„Da ist Gießen", sagt Zimmermann nach einiger Zeit, als die roten und weißen Lichter eines Bahnhofs durch das Schneewirbeln vor ihnen aufzuschimmern beginnen. — Er pfeift, und gleich darauf poltert der Zug unter das überhängende Bahnhofsdach.

Eilend umschreitet er hier seine Lokomotive, ihre dicht mit Schneeschlicker, der sich an den Ecken und Vertiefungen der Maschine zu dicken Massen angehäuft hat, bedeckten Teile prüfend beleuchtend, von denen er oft mit der Hand erst die kalte Decke wegstreichen muß, um sie sehen zu können. Da ruft der währenddem unter der Maschine mit dem Ausharken der Schlacken aus dem Roste der Feuerung beschäftigte Bahnhofsheizer: „Herr Zimmermann, der Rost des „Greif" ist so dick heut verschlackt, ich komme nicht durch damit in den vier Minuten Aufenthalt!" Rasch springt der Führer, mit dickem Pelz und Mütze angetan, in die Schürgrube hinab, packt die schwere Feuerkrücke mit, und sie in die Feuermasse des Rostes, die weißglühende Hitze herabstrahlt, hineinstoßend, arbeitet der schwerbekleidete Mann angestrengt und hastig, bis das Feuer wieder in vollkommen rechtem Zustande ist. Nach wenigen Minuten steigt er keuchend und schweißtriefend aus der Grube. — „Abfahrt" ruft der Oberschaffner. Es läutet. Auf die Maschine klimmt der Mann, dessen Lungen noch von der Anstrengung atmend fliegen und dem der Schweiß unter der Pelzmütze hervorrieselt.

„Pfeifen!" und hinaus geht es wieder unaufhaltsam in die eiskalte Schneesturmnacht, die mit 15 Grad kalter, schneidender Zugluft die schweißgetränkten Haare in wenigen Sekunden in starrende Eisstacheln verwandelt! —

Vorwärts! Vorwärts!

Der Sturm hat aufgefrischt. Von unten nach oben stürzenden Katarakten ähnlich treibt er von den großen Flächen der Dammböschung den staubartigen, feinen, kalten Schnee empor, der auf der Fläche der Bahn wie in wilden Wogen dahinjagt, deren Brandungen an die eilende Maschine anschlagen und, hoch über ihren Schornstein hinwirbelnd, die stillen Männer mit immer neuen Fluten von stechenden Eisnadeln überströmen oder sich an windstillen Orten heimtückisch zu lockeren Windwehen zusammenlagern. Im voraneilenden Lichte der Lokomotivlaternen prallen diese plötzlich, wie weiße, über der Bahn liegende Mauern gespenstig aus der Nacht empor und jagen dem beherztesten Führer jedesmal, wenn er mit seiner Lokomotive in die weiche, unheimliche Masse hineinstürmt, einen Schauder durch die Seele. Hoch bäumen sie sich vor der wilddurchbrechenden Maschine auf, sie mit solchen Schneemassen überschüttend, daß die Männer auf derselben sich am Geländer festhalten müssen, um nicht durch den wuchtigen Schlag herabgeschleudert zu werden. —

„Es schneit stark!" sagen die Reisenden, die im Wagen einen Augenblick erwachen und, sich streckend, ein Fenster, an das sie den Schnee knisternd anschlagen hören, mit der Wagenquaste zu säubern versuchen. „Wir fahren schlecht", fügen sie, gähnend nach der Uhr sehend hinzu, „verflucht beschwerlich das Nachtreisen im Winter!" — wickeln sich in die weichen Pelze und drücken die Köpfe in die weichen Wagenecken. —

Vorwärts! Vorwärts!

Die Teile der Lokomotive tropfen, aus dem Schornstein, von den Sicherheitsventilen, der Pfeife, den Pumpen spritzt Wasser fein zerteilt ab, das hier an der Maschine herabrieselt und an ihren außenliegenden Teilen gefriert oder vom Sturm weggeblasen wird, dort aber Pelz und Mütze und Gesicht der Männer übersprüht, die schweigend auf dem Trittbrett stehen.

Nach und nach behängt sich die Maschine mit schweren Eiszapfen, dicke Eisbuckel wachsen selbst an ihren schnellstgedrehten, am raschesten schwingenden Teilen, alle Zwischenräume füllen sich mit hartgefrorenem Schnee, und der Blick in die Teile der Maschine wird schwieriger und unsicherer.

„Ich glaube, die Pumpen frieren zu bei diesem Wetter", sagt Zimmermann. „Wir wollen sie ein wenig spielen lassen."

Er will die Hand nach den Griffen ausstrecken, den Kopf dahin wenden, fühlt aber die kräftige Faust am Körper festgehalten und empfindlichen Schmerz am Kinn. Die nasse Kleidung der Männer hat sich in einen starren Eispanzer verwandelt, Bart und Pelz sind in eine Eismasse zusammengeronnen, die dicke Pelzmütze ist zu einem drückenden Helme geworden, an den Augenwimpern hängende Eiskügelchen lassen die Lichter des auftauchenden zweiten Bahnhofs in tausend Farben spielen. Sie reißen die am Rock festgefrorenen Ärmel los, strecken prasselnd und knisternd die Glieder, sie tauen die am Lippenbarte hängenden Eiszapfen im Munde auf, der selbst halb erstarrt, nur schwierig Worte stammelt.

Die Bahnhöfe spinnen sich langsam ab, die Entfernungen scheinen mit der Ermüdung zu wachsen. Eine unaussprechliche Schlafsucht beschleicht die Männer.

Und sie reißen die müden, entzündeten Augen auf, entsetzt über die eben empfundenen gefährlichen Anwallungen, die sich dennoch unwiderstehlich wiederholen. — — „Gottlob, es ist bald vorüber! Noch eine halbe Stunde.“ — —

Vorwärts! Vorwärts!

„Alter Greif“, sagt Zimmermann zu seiner Maschine, die dick beeist, mit Schnee bekrustet, mit verschlacktem Roste schwerer und schwerer ihre Pflicht erfüllt, „wir kommen heute beide wie die Eisbären an, beide erstarrt, durchfroren, todmüde — das war eine böse Nacht für uns beide — du sollst Pflege haben, sauber gemacht werden vom Rad zum Schornstein, und ich — ich will mich wärmen und auftauen — Gott sei Dank, da ist Cassel, die Endstation.“

Mühsam hebt er den starren Arm im steifgefrorenen Ärmel, um zu pfeifen, als die Gebäude des großen Bahnhofs im ungemütlichen Lichte eines stürmischen Wintermorgens, mit hier und da noch in den Fenstern glimmenden Lichtern, dicken Eiszapfen an den Dächern und mit all ihrer Öde und Unbehaglichkeit zum Vorschein kommen.

Dröhnend rollt der Zug mit den letzten Atemzügen der fast verlöschenden Maschine in die nur spärlich erleuchtete Halle. Der Inspektor steht im Morgenpelze verdrießlich auf dem Bahnsteig. Mühsam sich bewegend, starr und kältematt, reicht ihm Zimmermann die Kursuhr herab. „Sie kommen 20 Minuten zu spät“, knurrt der Inspektor, „Sie haben die Fahrtprämie verloren.“

„Es war eine böse Nacht, Herr Inspektor“, sagt der halb erfrorene Führer.

„Ja, es tut mir leid“, erwidert der Inspektor, „Gaußigs Maschine ist defekt geworden, bringen sie den alten „Greif“ in Ordnung, in einer halben Stunde müssen Sie den Schnellzug zurück übernehmen.“ — Todmüde, durchfroren, sofort den ganzen Weg zurück, und der Schneesturm tobt nach wie vor! — —

Das ist Lokführerdienst im Winter!

Ein Kapitel Technik

Je weiter die Zeit ins Land schreitet, je mehr die Zahl der Dampflokomotiven zusammenschrumpft, umso kleiner wird die Reihe derjenigen, die sich ein Bild von der Funktionsweise dieser uns schon heute fremdartig anmutenden Kraftmaschine machen können. Unsere Modellokomotiven zeigen zwar viele Details, aber sie werden elektrisch angetrieben. Taucht in alten Filmen eine Dampflok auf, so beeindruckt zwar das Spiel der Treibstangen, man hört sie puffen, meist im falschen Takt dazusynchronisiert. Doch was pufft da eigentlich? Jedenfalls werden wir den Verdacht nicht los, als habe so mancher unserer Leser und Freunde nur eine höchst unklare Vorstellung von der Wirkungsweise der Dampfkraft. In Gesprächen zeigt sich, daß viele Begriffe von den Jungen gar nicht verstanden werden — woher sollten sie auch? Vielleicht ist es dem Leser beim Studium dieses Buches bereits so ergangen. In zehn Jahren wird die Dampfmaschine ohnehin so unbekannt sein, wie heute der Gasmotor oder eine Wassermühle.

Ein wenig Technik soll deshalb dazu beitragen, Klarheit in die verwirrende Vielfalt der Begriffe zu bringen und uns Antwort auf die Frage zu geben: Was ist das denn überhaupt, *die Dampfkraft?*

Bringt man Wasser in einem Gefäß zum Kochen, so steigen alsbald vom Boden Blasen an die Oberfläche des Wassers. Dort zerplatzen sie, Wasser geht also bei Erhitzen auf 100 Grad Wärme — eben das Kochen — vom flüssigen in gasförmigen Zustand über, den wir Dampf nennen.

Schließen wir das Gefäß ab, sammeln sich die Dampfbläschen weiter über der Oberfläche des Wassers und pressen sich dort zusammen, sie gewinnen eine Spannung, die einen Druck gegen das sie umschließende Gefäß ausübt. Diese Spannung wird um so größer, je länger wir das Erhitzen des Wassers fortsetzen. Der Wärmegrad des Wassers steigt dann über 100 Grad hinaus. Bei zunehmender Dampfspannung nimmt der Dampf eine größere Wärme auf, seine Spannung hängt also von seinem Wärmegrad ab.

Die Größe der Dampfspannung messen wir an dem Druck, den 1 kg auf einen cm^2 ausübt, landläufig als eine Atmosphäre, technisch als kg/cm^2 bezeichnet. Da unsere Außenluft bereits einen Druck von etwa 1 Atmosphäre aufweist, kann zur Arbeitsleistung nur der Dampf herangezogen werden, der eine größere Spannung als die Außenluft hat. Wir sprechen deshalb von Überdruck (atü).

Der im Lokomotivkessel erzeugte Dampf wird in der Dampfmaschine zur

2 C-Vierzylinder-Verbund-Heißdampf-Schnellzuglokomotive

1 Sicherheitsventile; 2 Dampfpfeife; 3 Steuerstange; 4 Führerhaus; 5 Feuerbüchse; 6 Stehbolzen; 7 Rost; 8 Aschkasten; 9 Langkessel; 10 Speiseleitung; 11 Kesselspeiseventil; 12 Heizrohre; 13 Rauchrohre; 14 Überhitzerelemente; 15 Sandkasten; 16 Leitung zum Sandstreuer; 17 Dampfdom; 18 Ventilregler; 19 Reglerrohr; 20 Rauchkammer; 21 Schornstein; 22 Funkenfänger; 23 Blasrohr; 24 Bläser; 25 Ausströmrohr; 26 Einströmrohr; 27 Schieberkasten; 28 Kolbenschieber; 29 Schieberstange; 30 Dampfzylinder; 31 Dampfkolben; 32 Kolbenstange; 33 Steuerwellenlager; 34 Aufwerfhebel; 35 Dampfzylinder der Luftpumpe; 36 Luftzylinder der Luftpumpe; 37 Lokomotivrahmen; 38 Laterne; 39 Bahnräumer; 40 Puffer; 41 Kupplung; 42 Laufräder; 43 Ausgleichhebel; 44 Treibrad; 45 Treibstange; 46 Kuppelräder; 47 Kuppelstangen; 48 Gegengewichte; 49 Sandstreurohr; 50 Hauptluftbehälter; 51 Bremsklötze; 52 Bremsgestänge.

Arbeitsleistung verwendet. Dannach pufft er aus dem Schornstein ins Freie. Da der entweichende Dampf noch einen Rest Spannung besitzt, geschieht dies mit hörbarem Knall.

Die Lokomotive besteht aus dem Dampfkessel, in welchem durch Verbrennung von Kohle, Kohlenstaub oder Öl Dampf erzeugt wird; aus der Dampfmaschine, in welcher die Energie des Dampfes in Treibkraft umgesetzt wird und aus dem Fahrgestell, auf welchem die ganze Anlage ruht, das aber gleichzeitig durch die Arbeitsleistung des Dampfes fortbewegt wird.

Der Dampfkessel setzt sich im wesentlichen aus dem Stehkessel (Hinterkessel) mit der Feuerbüchse (Feuerkiste), aus dem Langkessel und der Rauchkammer zusammen. Die Figur auf S. 41 zeigt die Anordnung im Grundsätzlichen. Einzelheiten gehen aus der Zeichnung auf Seite 39 sowie aus Bild 132 hervor.

Die Feuerbüchse (vom englischen firebox) dient der Verbrennung des Heizstoffes. Ihr Boden wird vom Rost gebildet, er besteht aus hochkant gelegten flachen, gußeisernen Stäben, durch deren Zwischenräume die Verbrennungsluft an den Brennstoff gelangt. Als Brennstoff diente in erster Linie Steinkohle, während des Zweiten Weltkrieges auch Braunkohle, daneben Braunkohlenstaub, verschiedentlich auch Koks und Holz, bei einzelnen Lokbauarten in den letzten Jahren zunehmend schweres Heizöl. Die Feuerbüchswände bestehen wegen der besseren Wärmeleitung aus Kupfer. In Zeiten dessen Verknappung wurde Stahl verwendet. Die Feuerbüchse ist, um Ausglühen zu vermeiden, allseitig von Wasser umspült und mittels einer Vielzahl sogenannter Stehbolzen im Stehkessel verankert. Zur besseren Ausnutzung der bei der Verbrennung entstehenden Heizgase wurde seit den zwanziger Jahren die Feuerbüchse ein Stück in den Langkessel hinein verlängert, als Verbrennungskammer bezeichnet. In die Feuerbüchsrohrwand sind die Heiz- und Rauchrohre eingeschweißt. Gegen unmittelbare Feuereinwirkung ist diese Wand durch einen Feuerschirm aus Schamotte geschützt.

Mit *Stehkessel* bezeichnet man den die Feuerbüchse umgebenden Teil des Kessels. Die Stehkesselvorderwand verbindet Langkessel und Stehkessel. Er wird aus Eisen hergestellt. Seine Decke ist gewölbt (Bauart Crampton) oder gerade (Bauart Belpaire). Aus den Anfängen des Lokomotivbaus rührt die Vorstellung, ein besonders großer Dampfraum über der Feuerbüchse sei erstrebenswert. Deshalb wurde die Stehkesseldecke domartig aufgewölbt (als Klostergewölbe, Haystack, Heuschober bezeichnet) (Bild 19). Am Stehkessel sind die Stehbolzen befestigt, mit denen die Feuerbüchse allseitig verankert ist.

An der Rückwand von Feuerbüchse und Stehkessel befindet sich ein Loch zwecks Beschickung des Rostes mit Brennstoff. Es ist durch eine nach innen aufschlagende *Feuertür* verschlossen.

Feuerbüchse und Rost sind nach unten durch einen *Aschkasten* abgeschlossen. Er besitzt vorn und hinten je eine drehbare Klappe (Aschkastenklappe), die vom Führerstand aus geöffnet werden kann und die Zufuhr von Verbrennungsluft zum Rost reguliert.

Langkessel heißt der zwischen Feuerbüchs- und Rauchkammerrohrwand lie-

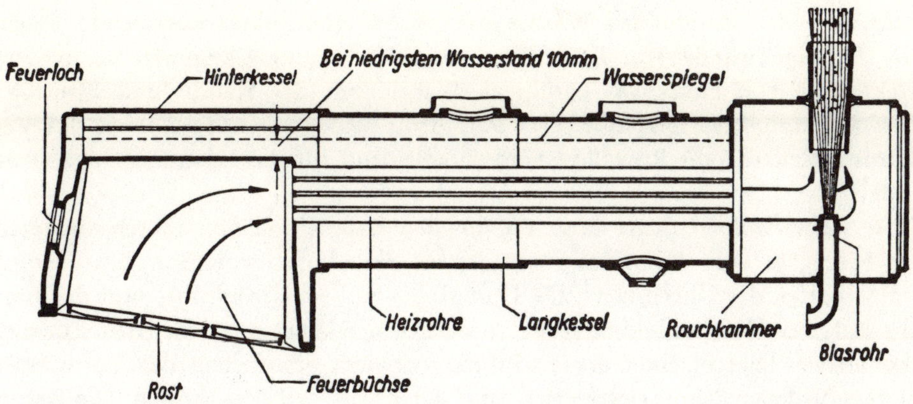

Aufbau eines Lokomotivkessels

gende Teil des Kessels. Er enthält die Heizrohre, durch welche die bei der Verbrennung entstehenden heißen Gase strömen und das sie umgebende Wasser zum Erhitzen bringen. Der Langkessel setzt sich aus mehreren miteinander vernieteten oder verschweißten Teilen, den sogenannten Schüssen zusammen.

In den engen Zwischenräumen zwischen Feuerbüchse und Stehkessel, aber auch im Langkessel, sammeln sich Schlamm und Kesselstein an. Zwecks Beseitigung enthält der Stehkessel und der Langkessel eine Anzahl Löcher, sogenannte Waschluken, durch welche Schlamm und Kesselstein mechanisch beseitigt werden können. Dieser Vorgang heißt *Auswaschen.* Man kann den Kesselsteinbefall durch chemische Aufbereitung des Speisewassers mindern.

Die Heizrohre bestehen aus nahtlosem Stahl und sind in die Löcher der Rohrwände dampfdicht eingewalzt oder eingeschweißt und an den Enden umbördelt. Wir unterscheiden daneben Rauchrohre, die einen größeren Durchmesser aufweisen und der Aufnahme der Rohrschlangen des Überhitzers dienen. Die Zahl der Rohre richtet sich nach der Größe des Kessels und der geforderten Leistung. Die Dampflok der Baureihe 001 der DB besitzt 24 Rauchrohre und 106 Heizrohre von 6500 mm Länge (Längenmaße werden im Lokomotivbau in mm ausgedrückt).

Der Dampfdom befindet sich als Haube auf dem Langkessel und stellt als höchste Erhebung den Sammelpunkt für den Dampf dar. Durch das im Dom untergebrachte Reglerventil wird er den Dampfzylindern zugeleitet.

Die obere Fläche der Roststäbe heißt bedeckte, die Fläche der dazwischenliegenden Spaltöffnung freie *Rostfläche.* Beide zusammen ergeben die Gesamtrostfläche.

Wir unterscheiden weiterhin die innen im Kessel vom Wasser oder die außen von den Flammen berührte *Heizfläche* (wasser- oder feuerberührt). Bei der regulären technischen Maßangabe handelt es sich stets um die feuerberührte Heizfläche. Die der strahlenden Wärme des Feuers unmittelbar ausgesetzte Fläche, also die Innenwände von Feuerbüchse und Verbrennungskammer, nennen wir direkte, die von Heizgasen berührten Wandungen der Rauch- und Heizrohre nenn wir indirekte Heizfläche. Das Verhältnis beider zueinander sowie das Verhältnis Heizfläche zur Rostfläche sind entscheidend für die Leistungsfähigkeit des Kessels.

Die Rauchkammer dient dazu, die aus den Rauch- und Heizrohren austretenden Feuergase dem Schornstein zuzuleiten. Sie nimmt weiterhin den Dampfsammelkasten des Überhitzers, die Dampfein- und -ausströmrohre und das Blasrohr auf, bei Verbundlokomotiven zusätzlich den Verbinder. Bei den Einheitslokomotiven liegt in einer oberen Nische vor dem Schornstein der Vorwärmer, bei verschiedenen Nachkriegsbauten auch der Mischvorwärmerkasten. Die Rauchkammer muß in allen Teilen luftdicht abgeschlossen sein, damit der aus dem Blasrohr in den Schornstein puffende Dampf eine Luftverdünnung, damit einen Saugzug zur Anfachung des Feuers, bewirken kann. Häufige Reinigung der Rauchkammer von Ruß- und Löscheresten ist notwendig.

Das Blasrohr leitet den aus den Zylindern auspuffenden Dampf in den Schornstein. Sein richtiges Arbeiten setzt voraus, daß die Mittellinien beider genau zusammentreffen. Form und Weite der Blasrohrmündung, seine Entfernung vom Schornstein, erfordern sorgfältige Berechnung, soll die Saugzuganlage richtig funktionieren.

Der im Kessel erzeugte Dampf, der noch mit dem Wasser in Berührung steht, heißt gesättigter Dampf. Strömt er zu den Zylindern, enthält er noch viele fein verteilte Wasserstäubchen. Der Dampf ist nicht trocken, man spricht von *Naßdampf*. Er gibt seine Wärme sehr leicht an kältere Wandungen ab und kondensiert dabei. Die so entstehenden Wärmeverluste haben dem Lokomotivbetrieb bis zur Jahrhundertwende viel zu schaffen gemacht.

Wird der aus dem Kessel kommende Sattdampf, der mit der Wasseroberfläche nicht mehr in Berührung steht, weiter erwärmt, so erhält man überhitzten, also Heißdampf. Dieser Vorgang erfolgt in den in die Rauchrohre bündelweise eingeführten Überhitzerrohren. Bei der Überhitzung ändert sich die Dampfspannung nicht, lediglich der Wärmeinhalt des Dampfes nimmt zu. Da Heißdampf ein schlechter Wärmeleiter ist, gibt er seine Wärme schwer an kältere Wandungen ab, die Verluste werden geringer. Sie drücken sich in Dampf- und Wärmeersparnis aus, die bis zu 30% Wasser und 20% Kohle gegenüber Naßdampflokomotiven betragen kann. Eine Heißdampflokomotive gleicher Größe bringt daher eine höhere Leistung als eine Naßdampflok auf.

Überhitzer nennen wir die Rohrschlangen, durch die der Dampf nach Verlassen des Domes strömt und weiter überhitzt wird. Sie sind von unterschiedlicher Größe je nach geforderter Leistung, ihre Maße werden als Überhitzerheizfläche meist gesondert ausgewiesen. Die heute noch gebräuchliche Form des Rauchrohrüberhitzers stammt von Wilhelm Schmidt aus dem Jahre 1898.

Der aus den Zylindern ins Freie puffende Dampf enthält noch Wärme, die

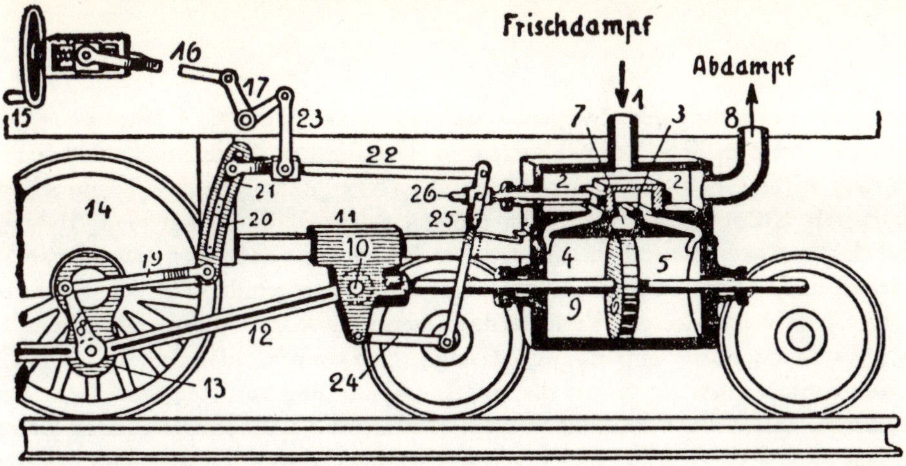

Die Arbeitsweise des Triebwerks einer Dampflok

Unsere obenstehende Abbildung zeigt den Zylinder einer Dampflokomotive aufgeschnitten und erläutert gleichzeitig die Arbeitsweise des Triebwerks. Es handelt sich ja darum, erstens mit Hilfe der Dampfkraft den Kolben 6 hin und herzubewegen und weiter diese Bewegung durch die Treibstange 12 in eine Drehbewegung umzuwandeln. Wie dies geschieht, wird uns sofort klar, wenn wir uns die Wirkungsweise vorstellen. Durch das Einströmrohr strömt der aus dem Dampfdom oder dem Überhitzer kommende Dampf in den Schieberkasten 2. In diesem bewegt sich der Schieber 3 hin und her, getrieben von der Steuerung. Vom Schieberkasten führen zwei getrennte Wege zum Dampfzylinder 4/5, in dem sich der Kolben 6 hin und her bewegen läßt. Bei der in der Abbildung dargestellten Stellung des Schiebers strömt der Dampf in den Raum 4 links vom Kolben. Da der Dampf unter Druck steht, wird er den Kolben 6 nach rechts drücken, wodurch der im Raum 5 enthaltene entspannte Dampf in den Schieberkasten gedrückt wird, von wo er durch den Kanal 7 in das Ausströmrohr 8 und weiter in den Schornstein entweicht.

Der durch den Frischdampf nach rechts geschobene Kolben 6 nimmt bei seiner Bewegung mittels der Kolbenstange 9 den Kreuzkopf mit. Der Kreuzkopf wird auf der Gleitbahn 11 genau in Richtung der Zylinderachse geführt. In einem Gelenk ist am Kreuzkopf 10 die Treibstange 12 angebracht, die zu dem mit dem Treibrad 14 fest verbundenen Treibzapfen führt. Bewegt sich der Kolben bei der in der Abbildung skizzierten Lage der Steuerung nach rechts, so wird das Rad 14 entgegen dem Uhrzeigersinn gedreht. Würde der Dampf dagegen in den Raum 5 strömen, dann würde der Kolben die entgegengesetzte Bewegung machen, also das Rad im Sinne des Uhrzeigers drehen. Um das zu erreichen, braucht der Schieber 3 vom Führerstand der Lok aus nur so weit nach links gezogen zu werden, daß die Dampfzufuhr nicht von links, sondern von rechts erfolgt. Auf diese Weise kann man durch das Verlegen der Steuerung, nämlich durch das Verstellen des Schiebers, die Lokomotive nach Bedarf vorwärts oder rückwärts fahren lassen. Das Verstellen wird, wie bereits angedeutet, durch die Steuerung bewirkt, die von der Handkurbel 15 über die Steuerstange 16 und den Aufwerfhebel 17 vom Führerstand her betätigt wird.

Bei der jetzt beschriebenen Wirkungsweise kann das Rad 14 sich nur um eine Vierteldrehung bewegen, bis nämlich der Kolben 6 das Ende des Zylinders erreicht hat. Um eine weitere Drehung des Rades zu bewirken, muß der Kolben die entgegengesetzte Bewegung machen, d. h. der Dampf muß in den Raum 5 strömen und den Kolben wieder nach links schieben. Zu diesem Zweck wird der Schieber 3 nach links gezogen, sobald der Kolben 6 seine Endstellung erreicht hat. Diese Schieberbewegung wird auch durch die Steuerung bewirkt. Am Treibzapfen 13 ist nämlich die Gegenkurbel 18 angebracht, die über Schwingenstange 19 die Schwinge 20 um den festen Punkt 21 hin und her bewegt. In das andere Ende der Schwinge greift die Schieberschubstange 22 ein, die ihrerseits über den Voreilhebel 25 und den Schieberkreuzkopf an der Schieberstange 26 angreift. Dank dieser Einrichtung wird der Schieber hin und her bewegt, wenn das Rad 14 sich dreht, d. h. der in den Zylinder strömende Dampf wird genauso gesteuert, wie es notwendig ist, um den Kolben hin und her zu schieben. Bei der in der Abbildung skizzierten Lage der Steuerung bewegt sich der Schieber nach links, wenn die Schwingenstange 19 nach rechts geht. Soll die Lokomotive in der umgekehrten Richtung laufen, wozu die schon beschriebene Vorrichtung mit der Kurbel dient, so wird durch Drehen der Kurbel 15 und die entsprechende Bewegung des Aufwerfhebels 17 die Schieberschubstange 22 so weit gesenkt, daß diese am unteren Ende der Schwinge 20 angreift. Dann bewegt sich der Schieber in der gleichen Richtung wie die Schwingstange 19.

Dort, wo auf dem Rad die Nummer 14 zu lesen ist, sieht man keine Speichen. Dies ist das Gegengewicht zu den Treib- und Kuppelstangen, die ja ein beachtliches Gewicht haben und bei schneller Fahrt der Lok durch ihre Schwungkraft Schäden an der Lok und am Gleis verursachen könnten.

sich zum Anwärmen des Kesselspeisewassers nutzen läßt. Man leitet einen Teil dieses Abdampfes über Rohrschlangen, in denen kaltes Wasser fließt. Diese Einrichtung heißt Oberflächen*vorwärmer,* sie ist seit Jahrzehnten in Trommelform als Bauart Knorr bei den deutschen Bahnen gebräuchlich. Bringt man Abdampf und Kaltwasser unmittelbar dadurch in Berührung, daß man das Wasser in einen Raum spritzt, in welchen Abdampf strömt, so erhält man den Mischvorwärmer. Er vermeidet die Verluste des Oberflächenvorwärmers und vermag bis zu 15% Tenderwasser einzusparen, da auch das Dampfkondensat erhalten bleibt.

Zur Kesselausrüstung gehört der *Regler* (Abkürzung von Regulator), ein Ventil, das — durch einen Handhebel vom Führerstand aus betätigt — den Dampf zu den Zylindern freigibt. Es hat seinen Sitz im Dampfdom, der Dampf strömt nach Öffnen zunächst durch die Überhitzerrohre. Verlegt man dieses Ventil hinter den Überhitzer, so spricht man vom Heißdampfregler.

Der Hilfsbläser besorgt auch bei Stillstand der Lokomotive den zur Feueranfachung nötigen Saugzug. Eine Dampfleitung führt zu einem ringförmig um die Blasrohrmündung gelegten Rohr, das feine Bohrungen enthält. Über ein Anstellventil kann der Heizer einen Dampfstrahl in den Schornstein leiten, der als eine Art Auspuffersatz die Rauchgase mitreißt.

Um das Überreißen von Funkenteilchen aus dem Rost in den Schornstein und damit ins Freie zu vermeiden, wird unterhalb des Schornsteins ein *Funkenfänger* eingebaut, meist als eine Art Sieb, früher oft in Form voluminöser Schornsteinaufsätze.

Zur Kesselausrüstung gehören die *Speiseeinrichtungen,* also die Dampfkolbenpumpe und der Injektor, die Dampfstrahlpumpe, bei welcher ein Dampfstrahl das Wasser aus dem Tender in den Kessel mitreißt. Das *Sicherheitsventil* sorgt für das Entweichen des Dampfes bei Überdruck. Es besteht aus einem durch Federn gespannten Ventil, das bei Überschreiten eines bestimmten Druckes eine Öffnung freigibt. *Dampfpfeife* und *Läutewerk,* letzteres mit Dampf oder Druckluft angetrieben, vervollständigen die Kesselausrüstung, zu der noch Schlammabscheider, Speisewasserreiniger und andere Einrichtungen gehörten.

Der Dampfkessel sowie die Dampfzylinder sind mit einer dichtschließenden Blechumkleidung umgeben, die abnehmbar ist. Umkleidet werden auch alle außerhalb der Rauchkammer liegenden dampfführenden Teile der Lokomotive. Ein seitlich um den Kessel führendes *Umlaufblech* sorgt für Zugang durch die Lokomotivmannschaft. Auf dem Kessel oder auf dem Umlaufblech befindet sich der *Sandbehälter,* aus dem mittels Druckluft über Fallrohre Sand vor die Räder gedrückt wird, um die Reibung zu erhöhen.

Dampfmaschine und *Steuerung* sind in unseren Schaubildern auf den Seiten 43 und 48 erläutert, wir brauchen hier nicht nochmals darauf einzugehen. Steuerung hat nichts mit lenken zu tun, gemeint ist die Steuerung des Dampfes in den Zylindern der Lokomotive. Die in Europa gebräuchliche Bauart ist das System Walschaert/Heusinger. Alte Lokomotiven sind noch mit der Allan/Trick-Steuerung ausgerüstet, während in den USA die Baker-Steuerung sehr erfolgreich war.

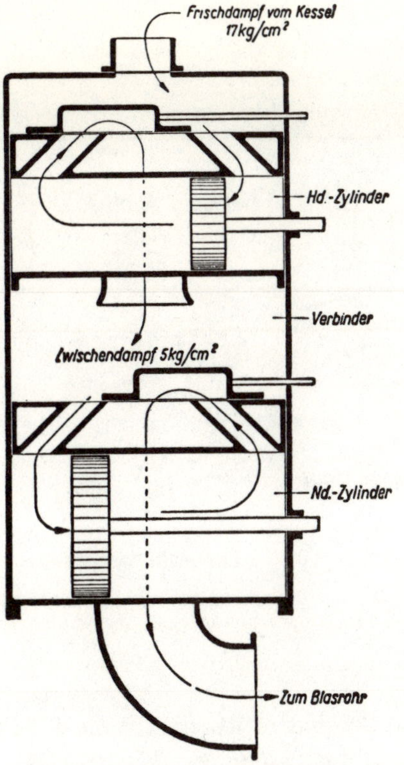

Wirkungsweise der Verbundmaschine

Während bei der Maschine mit einfacher Dampfdehnung der Dampf nach im Zylinder geleisteter Arbeit ins Freie pufft, bewirkt die Verbundmaschine die Dampfdehnung in zwei Stufen. Der Frischdampf vom Kessel tritt mit seiner vollen Spannung (ca. 15—17 kg/cm²) zunächst in den Hochdruckzylinder, bewegt dort den Kolben, wobei er selbst bis auf etwa 5 kg/cm² entspannt. Danach strömt er in den Verbinder und von dort in den größeren Niederdruckzylinder, wo er nochmals Arbeit leistet und mit ganz geringer Spannung aus dem Schornstein pufft. Daher waren Verbundloks auch wegen ihres milden Auspuffs geschätzt. Bei der Vierzylinder-Verbundmaschine ist die abgebildete Anordnung zweimal vorhanden. Man spricht deshalb bei ihr auch von Doppel-Verbundlokomotive. Je nach Unterbringungsmöglichkeit liegen bei ihr die beiden Hochdruck- oder die beiden Niederdruckzylinder innerhalb der Rahmenwangen unterhalb der Rauchkammer und wirken auf die zweifach gekröpfte Treibachse.

Dampfdehnung (Expansion): Dampf hat wie jedes Gas das Bestreben, einen möglichst großen Raum auszufüllen, zu expandieren. Diese Eigenschaft macht man sich im Lokomotivzylinder zunutze. Läßt man nur eine bestimmte, kleinere Menge in den Zylinder hinter den Kolben strömen, so wird er den Raum, um den er diesen zurückdrückt, sofort ausfüllen, sich ausdehnen. Je größer dieser Raum, umso mehr nimmt dabei der Dampfdruck ab. Raumzunahme und Druckabnahme sind also das Wesentliche bei der Dampfdehnung. Die Wegstrecke, während welcher Dampf in den Zylinder eingelassen wird, heißt Füllung und wird nach Zehntel oder Prozent des Kolbenhubs bemessen. Je länger der Kolbenweg, während dessen sich der Dampf ausdehnen kann, umso mehr sinkt der Druck, umso besser wird der Dampf ausgenutzt. Bestreben muß also sein, die Füllung so zu bemessen, daß sich der Dampf ganz entspannen kann. Allerdings soll der ausströmende Dampf noch so viel Druck haben, daß er im Schornstein den Saugzug zur Feueranfachung bewirkt.

Dampf von hohem Druck läßt sich in kleinen Zylindern oft nicht ganz entspannen, man zerlegt daher den Vorgang in zwei Teile, die Hoch- und Niederdruckentspannung *(Verbundmaschine)*. Sie wurde 1876 von dem Genfer Ingenieur Anatole Mallet erfunden. Um die Oberflächenverluste beim damals gebräuchlichen Naßdampf zu verringern, entspannte Mallet den Dampf in zwei

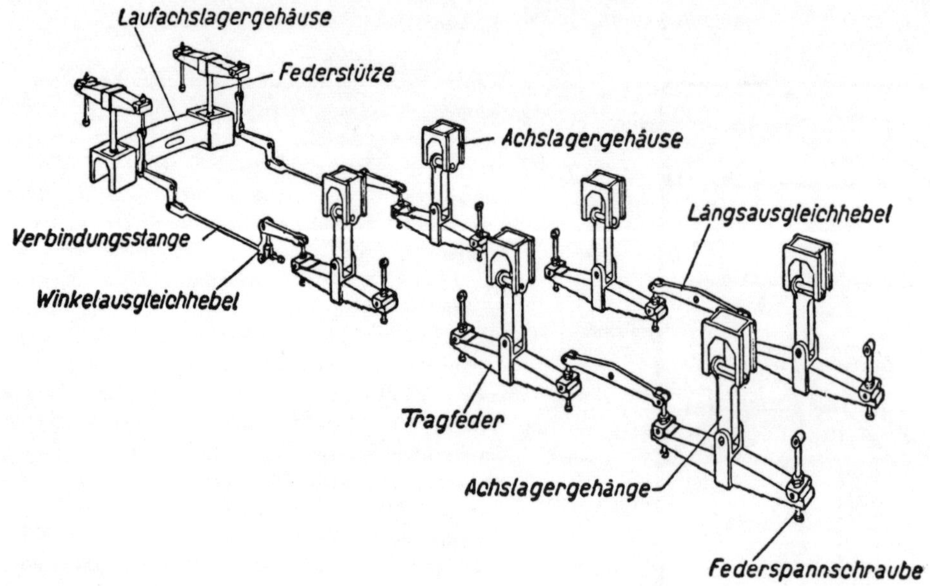

Anordnung der Federn und Ausgleichhebel am Rahmen einer Dampflokomotive. (Vierpunktaufhängung).

Stufen. Er leistet zunächst im (kleinen) Hochdruckzylinder Arbeit, strömt dann in den sogenannten Verbinder, um abschließend im (größeren) Niederdruckzylinder völlig zu entspannen (Skizze S. 45). Ist diese Einrichtung doppelt vorhanden, spricht man von Doppelverbund- oder Vierzylinder-Verbundlokomotive. Die Zylinder können außen am Lokomotivrahmen und innen zwischen den Rahmenwangen angebracht sein.

Das Fahrgestell besteht aus Lokomotivrahmen und Laufwerk. Der Rahmen stellt das Fundament für den Kessel und die Dampfmaschine dar. Er besteht aus Rahmenwangen und Rahmenverbindungen, die seiner Versteifung dienen. Die Wangen bestehen entweder aus gewalzten Blechträgern von ca. 25—30 mm Dicke (Blechrahmen) oder aus rechteckig gewalzten Barren von geringer Bauhöhe (Barrenrahmen). Die vordere Rahmenversteifung dient als Pufferträger, die hintere bildet den Kuppelkasten, der die Kuppeleisen zwischen Lokomotive und Tender enthält. Der Lokomotivkessel ist durch Träger und Bleche gegen den Rahmen abgestützt.

Zum *Laufwerk* gehören die Radsätze, die wir in Treib-, Kuppel- und Laufradsätze unterteilen. Der Rahmen ruht mit Achslagern auf den Schenkeln der Radsätze. Diese bestehen aus Speichenrädern. Treib- und Kuppelachsen besitzen seitlich an den Rädern Treibzapfen, an denen die Treibstangen angreifen. Bei Mehrzylindermaschinen müssen die Achsen auch innen gekröpft sein, um ein Eingreifen der inneren Kurbelstangen zu ermöglichen. Beim Einachsantrieb wirken alle Zylinder auf eine Treibachse, beim Zweiachsantrieb wirken Innen- und

Einstellung des Lenkgestelles in der Krümmung

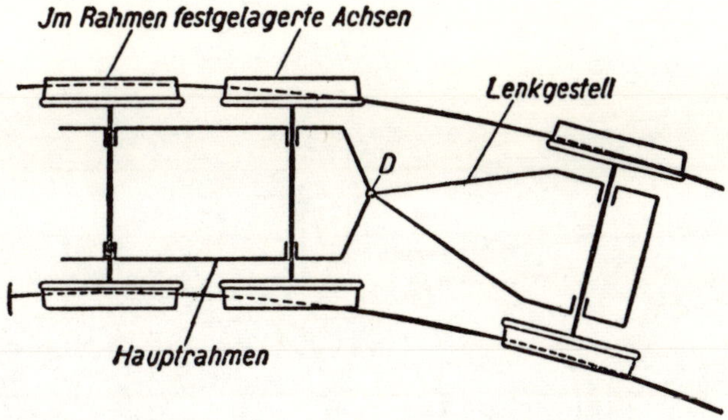

Außenzylinder auf verschiedene Achsen. Um das Gewicht der auf den Treibzapfen ruhenden Stangen auszugleichen, sind in jedes Rad Gegengewichte eingegossen.

Laufachsen sind entweder zu einem Drehgestell zusammengefaßt, dessen Drehzapfen in einer Querversteifung des Rahmens gelagert ist, oder sie sind mit einer Deichsel an den Rahmen angelenkt (Bauart Bissel). Bei der Bauart Adams ermöglichen gekrümmte Gleitflächen die Einstellung der Achse entsprechend der Gleiskrümmung. Bei der Bauart Krauss-Helmholtz sind Laufachse und benachbarte Kuppelachse zu einem Drehgestell verbunden. Um das Durchfahren von Krümmungen zwanglos zu ermöglichen, schwenken zunächst die Laufachsen aus, die vorderen und hinteren Kuppelachsen verschieben sich in der Regel, während die hintere Laufachse, soweit vorhanden, als Bauart Adams ausgeführt ist. Benachbarte Radsätze sind durch Längsausgleichhebel verbunden, die die wechselnde Belastung der Federn ausgleichen sollen. Eine Lokomotive ist daher nur an den Endpunkten abgestützt, man spricht von Drei- oder Vierpunktaufhängung (Skizze S. 46).

Lokomotive und Wagenzug werden pneumatisch vermittels einer *Druckluftbremse* (in anderen Ländern Saugluftbremse) abgebremst. Sie wirkt vereinfacht dargestellt wie folgt: Druckluft wird durch eine auf der Lok angebrachte Dampfkolbenpumpe erzeugt und in einen Hauptluftbehälter auf der Lokomotive gedrückt. Vermittels des im Führerhaus befindlichen Führerbremsventils wird sie

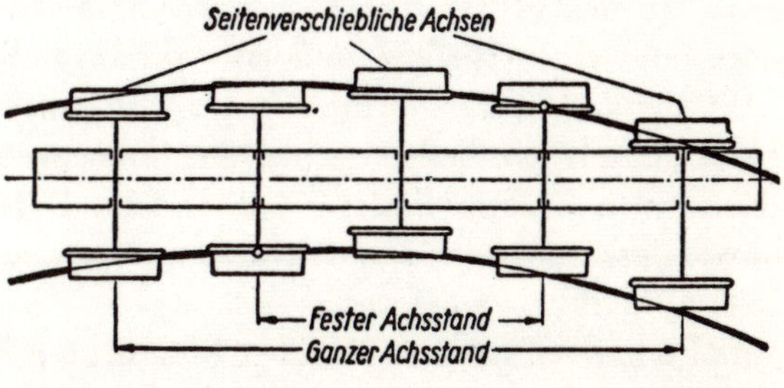

Lokomotive mit seitenverschieblichen Kuppelradsätzen in der Krümmung (Bauart Gölsdorf)

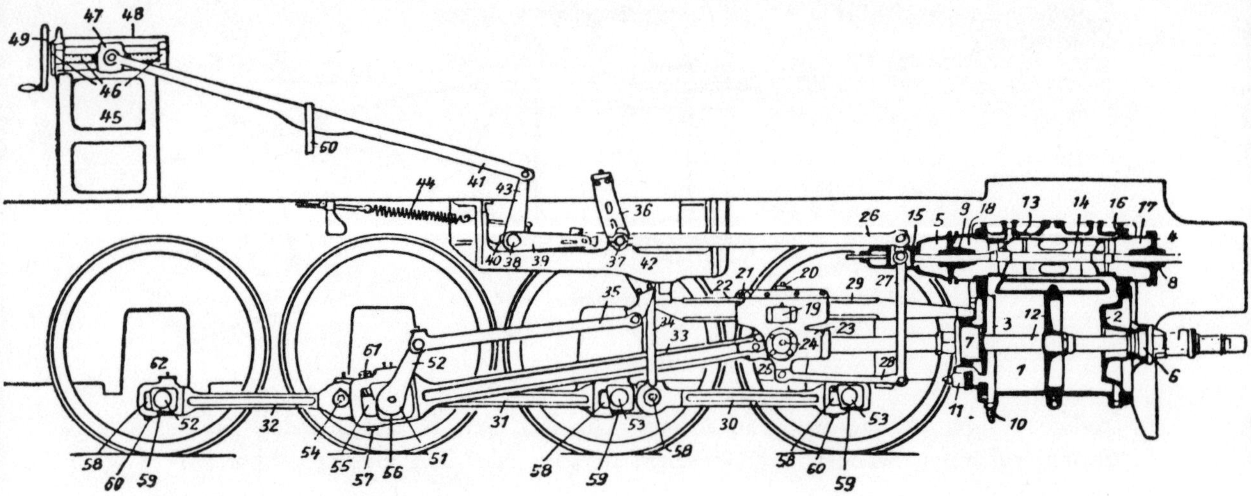

Die Steuerung einer Lokomotive

1 Zylinder; 2 Vorderer Zylinderdeckel; 3 Hinterer Zylinderdeckel; 4 Vorderer Schieberkastendeckel; 5 Hinterer Schieberkastendeckel; 6 Vordere Kolbenstangenstopfbuchse; 7 Hintere Kolbenstangenstopfbuchse; 8 Vordere Tragbuchse für Schieberstange; 9 Hintere Tragbuchse für Schieberstange; 10 Zylinderventil; 11 Zylindersicherheitsventil; 12 Kolben mit Stange; 13 Kolbenschieber; 14 Schieberstange; 15 Kreuzkopf zur Schieberstange; 16 Schieberbuchse; 17 Vorderer Ausströmkasten; 18 Hinterer Ausströmkasten; 19 Kreuzkopf; 20 Schmiergefäß zum Kreuzkopf; 21 Zwischenstück zum Kreuzkopf; 22 Kreuzkopfgleitplatte; 23 Kreuzkopfkeil; 24 Kreuzkopfbolzen; 25 Lenkeransatz am Kreuzkopf; 26 Schieberschubstange; 27 Voreilhebel; 28 Lenkerstange; 29 Gleitbahn; 30 Kuppelstange zwischen 1. und 2. Radsatz; 31 Kuppelstange zwischen 2. und 3. Radsatz; 32 Kuppelstange zwischen 3. und 4. Radsatz; 33 Treibstange; 34 Fangbügel zur Treibstange; 35 Schwingenstange; 36 Schwinge (mit Schwingenstein); 37 Schwingenlager; 38 Steuerwelle; 39 Aufwerfhebel; 40 Steuerwellenlager; 41 Steuerstange; 42 Gleitbahn- und Laufblechträger mit Schwingen- und Steuerwellenlager; 43 Steuerstangenhebel; 44 Rückzugfeder zur Steuerung; 45 Steuerbock; 46 Steuerschraube und Teile; 47 Steuermutter; 48 Zifferstreifen zur Steuerschraube; 49 Steuerrad; 50 Steuerstangenführung; 51 Treibzapfen; 52 Gegenkurbel; 53 Kuppelzapfen; 54 Gelenkbolzen für Kuppelstangen; 55 Schraubenstellkeil für Treibstange; 56 Lagerschalen für Treibstange; 57 Stellkeilschraube für Treibstange; 58 Schraubenstellkeil für Kuppelstange; 59 Lagerschalen für Kuppelstange; 60 Stellkeilschraube für Kuppelstange; 61 Schmiergefäß für Treibstange; 62 Schmiergefäß zu den Kuppelstangen

in die unter allen Wagen hindurchführende Hauptluftleitung eingelassen und strömt unter jedem Wagen über ein Steuerventil in den zwischen den Achsen angebrachten Hilfsluftbehälter. Leitung und Behälter sind ständig mit Luft gefüllt. Wird nun vom Lokführer durch Betätigung des Führerbremsventils Luft aus der Hauptleitung herausgelassen, so stellen sich alle Steuerventile um, die Luft aus den Hilfsluftbehältern strömt in besondere Bremszylinder und drückt dort über einen Kolben und ein Gestänge die Bremsklötze fest an die Räder. Läßt der Lokführer vermittels des Führerbremsventils wieder Druckluft in die Hauptleitung einfließen, gehen die Steuerventile in ihre alte Stellung zurück, die in den Bremszylindern vorhandene Luft entweicht ins Freie, die Bremsklötze lösen sich wieder. Gleichzeitig werden die Hilfsluftbehälter wieder mit Luft aufgefüllt.

Lokomotiven besitzen darüber hinaus noch Handbremsen.

Große Dampflokomotiven sind mit einem besonderen Vorratswagen, der Wasser und Kohle enthält, dem Tender, gekuppelt (Schlepptenderlokomotiven). Kleinere tragen die Vorräte mit sich, das Wasser in seitlichen Behältern, die Kohle in einem kleinen Bunker hinter dem Führerhaus (Tenderlokomotiven).

Kurz noch zu den *Sonderbauarten* der Dampflok. Sie können die Dampferzeugung betreffen, mit höherem Druck arbeiten (Hochdrucklokomotiven), oder eine andere Feuerungsart besitzen (Kohlenstaub, Öl), sie können eine abweichende Antriebsart aufweisen (Turbinen, Dampfmotoren) oder eine spezielle Laufwerksanordnung besitzen. Als solche kennen wir die Bauarten Meyer (zwei bewegliche Triebwerke unter einem Hauptrahmen), Fairlie (zwei bewegliche Triebwerke unter einem Hauptrahmen und zwei Dampfkessel mit gemeinsamer Feuerung), Mallet (ein bewegliches Triebwerk, das zweite fest im Rahmen gelagert) (Bild 92) und Garratt (zwei bewegliche Triebwerke) die durch einen, Kessel und Führerhaus samt Vorräten tragenden Brückenträger miteinander verbunden sind (Bild 93). In wasserlosen Ländern kamen Kondenslokomotiven zum Einsatz (auch in Deutschland während des Zweiten Weltkrieges), bei welchen der Auspuffdampf in besonderen im Tender untergebrachten Kondensatoren zu Wasser niedergeschlagen wird. Feuerlose Lokomotiven schließlich besitzen keine eigene Dampferzeugung, ihr Kesselwasser dient vielmehr als Wärmespeicher für von einem fremden Dampferzeuger eingedrückten Dampf. Sie können nur bis zur Entspannung dieses Dampfes Arbeit leisten.

Die große Zeit der Dampflokomotive

War das eine phantastische Zeit, die Zeit der Jahrhundertwende! Die Welt erlebte einen fast märchenhaften technischen und wirtschaftlichen Aufschwung. An die Eisenbahnen wurden Anforderungen gestellt, denen sie nur mit Mühe nachkommen konnten. Jedes Jahr brachte neue Lokomotivbauarten, immer stärkere, immer größere, und viele waren schon überholt und zu schwach, kaum daß sie das Herstellwerk verlassen hatten. So schnellebig war die Zeit. In der Neuen Welt entstanden Riesendampfloks, die man zu bauen noch vor wenigen Jahren für unmöglich gehalten hätte. Die Maschinen wurden so groß, man verlangte eine derart enorme Zugleistung, daß der Riesenkessel auf einem einzigen Triebwerk nicht mehr unterzubringen war: Es kam zur Triebwerksteilung, ja zur Verdreifachung! Mallet, der Erfinder der Verbundlok, hatte auch ein brauchbares, mehrteiliges Triebwerk entwickelt, das nun in Amerika wahre Triumphe feierte. Mallet-Loks haben in der Regel zwei Triebwerke, von denen das zweite fest im Hauptrahmen samt Kessel und Führerhaus liegt, während das erste Triebwerk beweglich und seitenverschieblich gelagert ist (Bild 92). Obwohl diese Lokomotiven eine sehr große Länge aufweisen, können sie doch wegen der Beweglichkeit der Triebwerke anstandslos normale Gleiskrümmungen durchfahren. Entwickelten die alten Maschinen der neunziger Jahre bestenfalls 900 PS, so war man Anfang des neuen Jahrhunderts bereits bei 2000 PS angekommen. Und diese Leistung verdoppelte sich wieder in den nächsten Jahren.

Um 1900 kam der elektrische Strom mächtig auf und erwies sich als ein höchst ernst zu nehmender Konkurrent für die Dampflok. Die Preußische Staatsbahn unternahm eine ganze Reihe Versuche mit neu entwickelten elektrischen Lokomotiven und Triebwagen, um eine brauchbare und tüchtige Motorbauart herauszufinden. Höhepunkt dieser Untersuchungen war das Jahr 1902. Die Firmen Siemens und AEG hatten Schnelltriebwagen entwickelt, welche auf der elektrischen Versuchsstrecke Marienfelde — Zossen Geschwindigkeiten von 210 Kilometer je Stunde erreichten. Das war eine für die damalige Zeit derart unerhörte Leistung, daß die ganze Welt davon sprach. Der Siegeszug der Elektrolok zeichnete sich bereits ab, und es gab viele Stimmen, die der braven Dampflokomotive ein baldiges Ende voraussagten.

Nun, die Dampflok hat das Rennen nicht aufgegeben. Fünfzig Jahre mußten erst noch ins Land gehen, ehe ihr die Puste auszugehen schien. Und das auch in der Hauptsache, weil die Elektrizität im Dieselmotor einen weiteren Bundesgenossen gefunden hatte. Gegen beide kam der Dampf nicht auf.

Damals freilich war die Dampflok eben dabei, den Gipfel ihrer Entwicklung zu erklimmen und ihre letzten Reserven ins Treffen zu führen. Und in diesen Reserven waren immerhin noch genügend Überraschungen enthalten. Schon die Erfindung der doppelten Dampfdehnung im Jahre 1876 (Verbundmaschine) durch den Genfer Ingenieur Anatole Mallet brachte einen enormen Fortschritt in der Wärmewirtschaft der Lok. Dieser Erfolg verstärkte sich, als 1886 in Frankreich Alfred de Glehn die Vierzylinder-Verbund-Lok erfand. Schließlich waren es zwei weitere Neuerungen, welche das Bild der Lok endgültig formten: Die Erfindung der Dampfüberhitzung durch den Kasseler Zivilingenieur Wilhelm Schmidt im Jahre 1898 und die Erfindung der Seitenverschiebbarkeit von gekuppelten Achsen, die dem österreichischen Eisenbahningenieur Karl Gölsdorf im Jahre 1900 glückte. Die Dampfüberhitzung, bei welcher der im Kessel erzeugte Dampf vor Eintritt in die Zylinder in besonderen Heizröhrenschlangen auf eine Temperatur von über 300° erhitzt wird, machte endlich Schluß mit der Dampfverschwendung der alten Maschinen. Und die Erfindung Gölsdorfs schließlich ermöglichte, daß nun auch Loks mit vier, fünf, ja sechs gekuppelten Achsen anstandslos Gleiskrümmungen durchfahren konnten, was bisher schon bei drei Achsen auf erhebliche Schwierigkeiten gestoßen war und nur dadurch ermöglicht wurde, daß man die Achsen so dicht wie möglich aneinanderrückte und den Spurkranz der mittleren Achse schwächte. Bereits 1888 hatte der Ingenieur Richard von Helmholtz das nach ihm benannte Drehgestell erfunden, welches die vordere Laufachse und die erste Kuppelachse zu einer gemeinsamen, die Lok im Gleis führenden Einheit verbindet. Alle diese Neuerungen trugen in ihrem Zusammenwirken zu einer nie gekannten Vollkommenheit der Lok bei, prägten aber auch das heute gewohnte, machtvolle und gewaltige äußere Bild.

Die Zossener Schnellbahnversuche gaben den Wünschen nach größerer Schnelligkeit einen gewaltigen Auftrieb. Alle Welt wollte jetzt größere Geschwindigkeiten fahren. Allenthalben stellte man Überlegungen an, wie der Zugverkehr zu beschleunigen sei.

Ja, aber wie schnell ist man denn eigentlich bis dato gefahren? Diese Frage ist doch zweifellos interessant. Haben früher bereits Versuche mit schnellen Maschinen stattgefunden? Gibt es auch so etwas wie ein Blaues Band der Dampflok?

Das sind berechtigte Fragen, die ein spannendes Kapitel des großen Abenteuerromans „Eisenbahn“ anschneiden. Letztlich gipfelt in ihnen die Neugier zu erfahren, welches denn überhaupt die schnellste Dampflok der Welt ist. Wer die schnellste kennt, der möchte auch die stärkste kennenlernen.

Daß man schon zu Anfang der Eisenbahnzeit Wettfahrten veranstaltet hat, wissen wir bereits. Die allererste Schnellfahrt der Lokomotivgeschichte hatte allerdings eine unerwünschte Ursache und führte zu einem Rekord von höchst zweifelhaftem Ruhm.

15. September 1830. Die ganze Welt nimmt an der Eröffnung der Bahnstrecke

Liverpool — Manchester teil. Tausende Menschen säumen den Damm zu beiden Seiten der Gleise. Soldaten müssen absperren, damit die Menge nicht auf die Schienen brandet. Jubel und Erregung überall. Man feiert den Anbruch einer neuen Zeit. Die erste Fahrt findet von Liverpool aus statt. Acht Lokomotiven hat Stephenson in seiner Fabrik gebaut. Es ist eine verbesserte „Rocket"-Type, von noch größerer Leistungsfähigkeit. Um die große Zahl der Ehrengäste zu befördern, müssen mehrere Züge fahren.

Dann kommt der große Augenblick der Eröffnung. Reden werden gehalten, Ansprachen. Der Höhepunkt ist erreicht, als der Ministerpräsident, der Herzog von Wellington, der gefeierte Feldherr von Waterloo, das weiße Band durchtrennt, das über die Strecke gespannt ist, und so symbolisch die Bahn für den ersten Zug freigibt.

Man steigt in die Wagen. Den Eröffnungszug, in welchem auch der Herzog sitzt, führt die Lok „Northumbrian". Im gleichen Zuge sitzen Staatssekretär Robert Peel und der von den Bürgern der Stadt Liverpool ins Unterhaus gewählte Abgeordnete Huskisson.

Mr. Huskisson bedrücken Sorgen. Er hat einen alten Streit mit dem Herzog von Wellington. Die festliche und gehobene Stimmung dieses Tages scheint ihm günstig, den ersten Schritt zur Versöhnung zu tun. Er ist ein friedlicher Mann, der Mr. Huskisson. Der Streit mit dem Ministerpräsidenten bedrückt ihn und läßt nicht die rechte Stimmung in ihm aufkommen. Er hat sich zu Mr. Peel gesetzt. Vielleicht ergibt sich unterwegs ein günstiger Umstand, sich dem Herzog zu nähern.

Die Fahrt beginnt. Musikkorps spielen auf, Hurrarufe branden immer wieder aus der Menschenmenge empor, Pfiffe von Lokomotiven, die erste Dampfeisenbahn der Welt nimmt ihren Betrieb auf.

Die Züge rollen durch das herbstliche Land, vorbei an den rufenden, winkenden, jubelnden Menschen. Etwa auf halbem Wege, im Bahnhof Parkside, wird haltgemacht. Die Lokomotiven müssen Wasser nehmen. Man benutzt die Gelegenheit, sich die Beine ein wenig zu vertreten. Der Herzog hat jetzt endlich Muße, die Dampfwagen zu besichtigen. Er ist sehr interessiert. Stephenson will den Gästen eine besondere Attraktion bieten. Einen der Züge führt die „Rocket", die gefeierte, berühmte „Rocket", umjubelte Siegerin im Lokomotivrennen von Rainhill. Er läßt sie auf das Überholungsgleis rangieren, dort soll sie den hohen Gästen noch einmal ihre volle Geschwindigkeit zeigen.

Dieser Augenblick erscheint Mr. Huskisson günstig. Der Herzog steht ganz in der Nähe. Jetzt oder nie ist die Gelegenheit gekommen, ihm die Hand zur Versöhnung zu reichen. Er klettert aus dem Wagen, zieht seinen Staubmantel aus und legt ihn auf den Sitz. Dann geht er mit straffem Schritt über die Gleise, auf den Herzog zu.

Doch da — ein Rattern, Zischen, Donnern — ein hundertfacher Schrei brandet auf — die „Rocket" braust in voller Fahrt heran. Mr. Huskisson steht auf dem Gleis, er sieht nur den Herzog, dem er die Hand reichen will, zu spät erkennt er die drohende Gefahr. Er will eine Wendung machen, will sich mit dem Oberkörper nach vorn werfen — da hat ihn die Lok auch schon erfaßt — Bremsen kreischen — schwer verletzt liegt Huskisson auf den Schienen, sein Bein ist zermalmt. Ein Schrei entringt sich seiner Brust, Worte — „Wehe mir, nun muß ich sterben!“ — Dann wird er ohnmächtig.

Hier ist sofortige Hilfe nötig, wenn Huskisson gerettet werden soll. Stephenson erfaßt die Situation. Auf dem Nebengleis, vor dem Festzug, dampft die „Northumbrian“. Er läßt sie sofort abkuppeln und den ohnmächtigen Abgeordneten auf den Tender betten. Dann springt er selbst auf die Lok, öffnet den Dampfhahn, und es beginnt eine Fahrt, von der in den nächsten Tagen alle Zeitungen voll sein werden. George Stephenson rast mit der „Northumbrian“ und dem schwerverletzten Mr. Huskisson nach Manchester. Inzwischen wollen Wellington und Peel sofort das Fest verlassen. Man beschwört sie und stellt ihnen die Enttäuschung der vielen Menschen vor. Sie bleiben dann zwar bis zum Schluß, nehmen aber an den Festlichkeiten nicht mehr teil.

Als Stephenson mit der „Northumbrian“ in Manchester ankommt, hat er erstmals eine Geschwindigkeit von 58 Kilometer in der Stunde ereicht, den bisherigen Rekord aller Lokomotivfahrten.

Seit dieser ungewollten Schnellfahrt reißen die Versuche nicht mehr ab, die Geschwindigkeit der Dampflok auszuprobieren. In den Anfängen der Eisenbahnzeit war das freilich nicht so einfach. Man muß bedenken, daß Schienen und Oberbau noch in höchst mangelhaftem Zustand und den enormen Belastungen und Drücken, die zwangsläufig bei hohen Geschwindigkeiten entstehen, in keiner Weise gewachsen waren. Nicht alle Schnellfahrversuche sind uns zudem überliefert worden, wir können nur einige besonders eindrucksvolle Ereignisse herausgreifen. Dabei kann es durchaus möglich sein, daß bei der einen oder anderen Bahn noch größere Geschwindigkeiten erzielt worden sind, die man aber wieder vergessen hat oder die nicht ihren Chronisten gefunden haben.

Mitte der vierziger Jahre des vorigen Jahrhunderts setzte in England der Kampf der Spurweiten ein. Stephenson hatte mit seinen ersten Loks das Spurmaß auf 1435 mm festgelegt, was zwangsläufig zur Folge hatte, daß alle Bahnen, die Lokomotiven aus seinem Werk bezogen, die gleiche Spurweite verwenden mußten. Als die große Westbahn in England gebaut wurde, wählte man jedoch Breitspur von 2134 mm. Die Folge war, daß sich die Ingenieure gewaltig in die Haare gerieten, welche Spurweite denn nun die günstigste sei.

Ein interessanter Schnellfahrversuch fand im Jahre 1845 aus diesem Anlaß statt. Die Stephensonschen Ingenieure hatten eine Lok entwickelt, die einen besonders leistungsfähigen Kessel aufwies, der aber so lang geraten war, daß seine Feuerbüchse nicht mehr zwischen den beiden hinteren Achsen untergebracht werden konnte. Man mußte ihn hinten überhängen lassen, was der Lok, da Zylinder und Rauchkammer vorn überhingen, ein recht plumpes Aussehen verlieh (Bild 4). Lokomotiven mit derart großen Überhängen geraten nun bei größerer Geschwindigkeit leicht ins Nicken und neigen zum Entgleisen. Mit dieser Kesselbauart, die

Engländer sagen „long-boiler-Bauart", nahm Stephenson am Wettkampf um die günstigste Spur teil. Seine Lok war zwar an Zugkraft leistungsfähig, den Anforderungen an Geschwindigkeit war sie jedoch nicht gewachsen. Bei dem durchgeführten Schnellfahrversuch entgleiste sie bei 77 Kilometern je Stunde und kippte sogar um. Glücklicherweise kam niemand zu Schaden.

Die Entscheidung zugunsten der Stephenson-Spur hat Thomas Russel Crampton herbeigeführt, bei dessen Lokbauart das große Treibrad hinter dem Kessel unter dem Führerstand lag. Das waren übrigens sehr schnelle Maschinen, diese Crampton-Loks (Bild 18), die tiefe Kessellage verlieh ihnen einen sehr ruhigen Lauf. Mit ihrer Hilfe konnten damals die ersten Schnellzüge eingeführt werden. Um nun den Breitspuranhängern vollends den Garaus zu machten, baute die London and North Western Railway eine Lok, die alles Bisherige in den Schatten stellte. Sie war von der Cramptonschen Bauart, der Kessel ruhte auf drei Laufachsen. Das Treibrad aber, welches diesen Riesen vorwärtsbewegen sollte, hatte einen Durchmesservon 2 Meter 43 Zentimeter. Man muß sich dieses riesige Treibrad einmal vorstellen, wir können vielleicht gerade eben mit der Hand seinen oberen Rand erreichen, wenn wir uns auf die Fußspitzen stellen.

Nun, das Ungeheuer ist gefahren und errang den gewünschten Erfolg, die schnellste Lok der Welt zu sein. Sie brachte es auf eine Geschwindigkeit von 126 Kilometer je Stunde, eine für die damalige Zeit — wir schreiben das Jahr 1848 — unvorstellbar phantastische Geschwindigkeit. Die Eisenbahnen wuchsen, immer mehr Bahnen, immer mehr Schienen wurden verlegt, immer neue Lokomotiven gebaut. Eines hatte sich inzwischen herumgesprochen: Geschwindigkeit ist keine Hexerei. Man kann den Dampfrössern schon etwas zutrauen. Da ergab sich auch in Deutschland der Anlaß, Schnellfahrversuche zu veranstalten.

Am 21. Januar 1851 entgleiste auf der Köln-Mindener-Eisenbahn unweit Gütersloh die „long-boiler"-Maschine eines Zuges, in welchem sich der preußische Kronprinz Friedrich Wilhelm, der nachmalige Kaiser Friedrich der Dritte befand. Die Lok war zufolge der erwähnten Überhänge ins Nicken gekommen und aus den Schienen gesprungen. Das Unglück forderte drei Todesopfer und eine ganze Anzahl Verletzte. Die preußische Regierung setzte daraufhin eine Kommission ein, die die Konstruktionsverhältnisse der Lokomotiven überprüfen sollte. Das war damals gar nicht so einfach. Meßwagen und genaue Meßgeräte gab es noch nicht. Was blieb anderes übrig, als die Maschinen eben laufen zu lassen und dann abzuwarten, was wohl passierte.

Die verschiedensten Bauarten wurden nun „getestet". Und die Kommission stellte sich jedesmal selbst vollzählig mit auf den Führerstand und prüfte, welche Bauart bei hoher Geschwindigkeit die erforderliche Laufruhe aufwies.

Wie nicht anders zu erwarten, wurde wieder eine Lok der Cramptonschen Bauart Sieger. Sie erreichte 112 Kilometer stündlich, den deutschen Geschwindigkeitsrekord der damaligen Zeit.

Damit war allerdings das Mögliche erreicht. Die Crampton-Loks waren so hervorragende Schnelläufer, daß noch mehrfach Geschwindigkeiten von 120

Kilometer je Stunde erreicht wurden, zuletzt im Jahre 1890 in Frankreich auf der Strecke Paris — Lyon. Selbst in diesem Jahr noch schlug bei Schnellfahrversuchen eine derartige Lok, die einen neuen Kessel erhalten hatte, alle ihre Mitbewerberinnen eindeutig aus dem Felde. Aber das war eine Ausnahme. Nach 1855 finden wir zwar noch manche Schnellfahrt, aber keine, die derart phantastische Ergebnisse gezeigt hätte. Die Lokbauarten jener Jahre waren dafür nicht vorgesehen. Die Amerikaner wiederum, die zwar vorwiegend Drehgestellmaschinen in Betrieb hatten, konnten wegen ihrer schlechten Gleise nicht schnell fahren, und wenn schon, dann kamen sie nicht viel über 100 hinaus.

Aber nach 1890, da setzte der große Umschwung ein, da begann die große Lokomotivzeit, von der heute noch unsere Großväter träumen, weil sie eine ganze Generation Eisenbahner in Atem hielt.

Die Initiative ergriff die Badische Staatsbahn. Baden hatte relativ lange und gerade durchgehende Strecken. Denken wir nur an die Linie Karlsruhe — Basel, die, in der oberrheinischen Tiefebene verlaufend, geradezu zu Schnellfahrten verlockte. Die Badenser hatten nämlich sehr viel Ärger mit der anderen Rheinseite. Elsaß-Lothringen war 1871 im Frankfurter Frieden an das Deutsche Reich gefallen, die dortigen Eisenbahnen wurden dem Reich unterstellt und als „Reichseisenbahnen Elsaß-Lothringen“ in gesonderte Verwaltung genommen. Die Regierung versuchte nun das Land in jeder Hinsicht zu fördern. Da verwundert es auch nicht, wenn der ganze Nord-Süd-Verkehr von Holland nach der Schweiz damals über die elsässischen Bahnen geleitet wurde und die Badenser sich höchstens mit dem Fernrohr drüben am anderen Rheinufer mal einen Schnellzug anschauen konnten. Das hat die Bewohner des „Muschterländles“ arg verdrossen. Wenn sie weiter wettbewerbsfähig sein wollten, dann mußten sie schneller als die andere Rheinseite werden, damit der Reisende seinen Weg über die badischen Strecken nahm. Und sie schafften es. Im Jahre 1892 stellten sie ihre Schnellzuglok Klasse IIc in Dienst, einen Renner, mit 2,10 Meter hohen Treibrädern, der seine 120 Sachen nur so aus den Zylindern schüttelte. Die IIc, eine 2'B n2-Schnellzuglok, war damals die schnellste Dampflok Deutschlands und in ihren Formen zugleich eine der elegantesten.

Wenn die Männer bei der Karlsruher Direktion aber gedacht hatten, jetzt sei es ein für alle Male geschafft, so hatten sie die Rechnung wieder ohne die Konkurrenz gemacht. Die andere Seite war nämlich auch nicht faul. Im Jahre 1898 stellten die Pfalzbahnen eine 2'B 1-Bauart in Dienst, die in Amerika den Namen „Atlantic-Type“ führt. Das hat die guten Badenser erneut schwer gekränkt, sie fühlten sich zutiefst in ihrer Ehre getroffen und schrieben kurz entschlossen einen Wettbewerb, ein Preisausschreiben, zur Erlangung der besten und schnellsten Dampflok aus.

Das war zweifellos der beste Gedanke, den sie fassen konnten. Denn in München bei der Firma I. A. Maffei hatte der Lokomotivkonstrukteur Anton Hammel eben von sich reden gemacht durch den genialen Wurf seiner Lokbauarten. Wie mußte ihm diese Gelegenheit willkommen sein! Hammel ging ans

Werk, legte der Direktion der Badischen Staatsbahn seinen Entwurf vor und erhielt sofort den ersten Preis. Maffei bekam die Lok in Auftrag, und im Jahre 1902 war sie fertig, die Vierzylinder-Verbund-Lok der Klasse IId.

Die IId war damals die mächtigste Lok ganz Europas. Ihre Abmessungen waren so außerordentlich und erstmalig, daß sie das Erstaunen der gesamten Fachwelt hervorrief. Aus aller Welt kamen die Experten angereist, um diese gewaltigen Maschinen zu begutachten. Nun, die Lok ging auf die Reise, machte ihre ersten Probefahrten, die zur vollsten Zufriedenheit ausfielen. Sie erreichte auf der Strecke Offenburg — Freiburg bei einem Höhenunterschied von 110 Meter Reisegeschwindigkeiten von 116 Kilometer je Stunde.

Dann aber kam das Jahr 1903 und mit ihm der Tag, an dem der Schnellfahrversuch angesetzt war. Wieder war es die Strecke Offenburg — Freiburg, auf welcher die IId ihr Können zeigen sollte. Wie der Sturmwind sauste die Lok mit ihren drei Wagen die Schienen entlang, ein Ereignis für die Zeitgenossen, das noch nicht dagewesen war. Als die Lok in Freiburg ankam, als die Meßergebnisse verglichen wurden, da schüttelten sich die Männer der Staatsbahn und der Firma Maffei die Hände: 144 Kilometer in der Stunde war die Lok gelaufen.

Im selben Jahr, als die IId erschien, schrieb auch die Preußische Staatsbahn einen Wettbewerb aus zur Erlangung einer Lok, die 150 Kilometer je Stunde fahren könne. Tolle Sache! 150 Kilometer, die wollten erst einmal geschafft sein.

Allerlei Entwürfe gingen ein. Den ersten Preis erhielt der Gemeinschaftsentwurf des Oberingenieurs Kuhn von der Firma Henschel und des Oberbaurats Wittfeld. Und dieser Entwurf wiederum war so verblüffend in seiner Originalität, daß er nicht übergangen werden kann.

Die beiden auf Grund dieses Entwurfes im Jahre 1904 gebauten Loks besaßen nämlich als erste Maschinen der Welt — Stromlinienverkleidung! (Bild 17).

Ja, wir haben richtig gehört, Stromlinienverkleidung! Sie sah zwar noch etwas unfertig aus, man wußte noch nicht recht über die Strömungsverhältnisse des Windes Bescheid, es gab noch keinen Windkanal, wo man Versuche hätte anstellen können. Gerade deswegen aber ist diese Konstruktion so bemerkenswert. Eine weitere Neuerung war vorhanden: Der vornliegende Führerstand. Dort bekam der Lokführer seinen Platz, während der Heizer hinten am Feuerloch verblieb. Ein Seitengang am Kessel entlang schuf die Verbindung zwischen beiden.

Die Loks sahen eigenartig aus. Die Eisenbahner hatten bald den treffenden Spitznamen: „Möbelwagen!"

Die Versuchsfahrten fanden am 1. und 2. Juli 1904 auf der bekannten Rennstrecke Marienfelde — Zossen statt. Aber die Loks enttäuschten. Sie hielten nicht das, was man sich von ihnen versprochen hatte. Das Dreizylinder-Verbund-Triebwerk war nicht recht gelungen. Über 137 Kilometer in der Stunde kamen sie nicht hinaus, und das war eben kein Rekord mehr.

Weil man aber gerade bei Schnellfahrversuchen war, probierte man gleich einmal alle vorhandenen preußischen Schnellzugloks aus, was sie wohl hergeben würden. Und siehe da, eine normale Schnellzuglok der Gattung S 7 Hannoverscher Bauart schnitt mit 143 Kilometer je Stunde glänzend ab. Die Verfolger waren der IId hart auf den Fersen!

Wen die Begeisterung erst einmal gepackt hat, den läßt sie so rasch nicht los. Und die deutschen Eisenbahner hatte es gepackt. Sie mußten die schnellste Lok Europas besitzen.

Es vergingen kaum vier Jahre seit Erscheinen der IId, da war sie da. Oberingenieur Anton Hammel von der Firma Maffei, unser guter Bekannter, hat sie gebaut. Sie trug die Gattungsbezeichnung S 2/6 und die Loknummer 3201 (Bild 65). Im Verkehrsmuseum Nürnberg wird sie für die Nachwelt aufbewahrt. Man kann sogar auf ihren Führerstand klettern, sich auf den Lokführerschemel setzen und den Regler nach links schieben, so wie es die Ingenieure an jenem 2. Juli 1907 taten, als sie auf der Strecke München — Augsburg mit einem Zug von 4 D-Zugwagen auf Fahrt gingen, auf Rekordfahrt.

Es wurde auch ein Rekord. Die Lok erreichte knapp 155 Kilometer Stundengeschwindigkeit und blieb damit jahrelang eine der schnellsten Dampfloks der Welt. Wir sollten stolz auf diese Lok sein. Denn auch äußerlich in ihrer schnittigen, eleganten Form ist die Maschine eine Meisterleistung technischen Schönheitssinnes. Sie zählt zusammen mit ihrer größeren Schwester, der bayrischen Dampflokgattung S 3/6, die bei der Deutschen Bundesbahn als Baureihe 18 läuft (Bild 45) zu den schönsten Dampfloks, die überhaupt gebaut worden sind. Trotz des hohen Alters beider Konstruktionen haben es ihnen bis zum heutigen Tage nur wenige Lokomotiven gleichtun können. Wir müssen unwillkürlich an ein edles Rennpferd denken, wenn wir vor der S 2/6 stehen, mit den riesigen Treibrädern von 2 Meter 20 Durchmesser, mit ihrem durchsichtigen Barrenrahmen, ihren 4 Zylindern und dem hochliegenden Kessel. Und doch stecken an die 2000 PS in dieser schlanken Lokomotive.

Ein Blick zum Ausland, was sich dort inzwischen getan hatte. Im Jahre 1890 hatte eine französische Westbahnmaschine von sich reden gemacht, als sie zwischen Paris und Laroche 132 km/h erreichte. Viel erzählt wird auch von der Rekordfahrt der amerikanischen 2'B n2-Lok Nr. 999, die am 10. 5. 1893 zwischen Rochester und Buffalo 170 km/h erreicht haben soll. Der angebliche Rekord am Jahre 1905 durch die 2'B1' n4v-Lok Nr. 7002, Klasse E2 der Pennsylvania-Rd., die mit einem Wagenzug für 2 Minuten eine Geschwindigkeit von 204 km/h erreicht haben soll, gehört wohl ins Reich der Fabel. Man weiß bei derart alten Nachrichten aus den USA nie genau, ob es „Wild-West-Storys" sind, deshalb gilt für uns immer noch die Rekordfahrt der S 2/6.

Die IId-Lok war zwar unheimlich schnell, aber der einsetzende Verkehrsaufschwung in jenen Jahren so enorm, daß noch weit höhere Zugleistungen gefordert wurden. Im Jahre 1907 schaffte die Badische Staatsbahn eine Reihe 2'C 1'-Schnellzugloks an, die ersten dieser berühmten Achsfolge in Deutschland. Die USA nennen sie „Pacific-Type", man spricht auch in Europa hin und wieder von dieser Bezeichnung.

Diese Pazifik-Lok fiel insofern aus dem Rahmen, weil sie im Gegensatz zu ihren Vorgängern kein Schnelläufer war, ihre Treibräder wiesen „nur" 1 Meter 80 Zentimeter auf. Aus ihr wurde aber ein Jahr später in Bayern die schöne Schnellzuglok S 3/6 entwickelt. Diese ist auch kein Rennpferd, sollte es aber auch gar nicht sein, weil Bayern keine „Rennstrecke" besaß.

Zunehmende Schwierigkeiten bei der Beförderung schwerer Schnellzüge veranlaßten die Direktion der Badischen Staatsbahn, eine noch stärkere Maschine in Auftrag zu geben, die im Jahre 1918 von der Münchener Firma I. A. Maffei abgeliefert wurde und unter der badischen Gattungsbezeichnung IV h, später DR-Baureihe 18^3, in die deutsche Lokomotivgeschichte eingegangen ist (Bild 66). Ihre Leistungen waren beachtlich, Züge von 650 t Last vermochte sie in der Ebene noch mit 100 km/h Geschwindigkeit zu befördern. Bei Versuchen mit Lok 18 328 im Sommer 1933 wurden Geschwindigkeiten von 154 km/h erreicht. Vier Lokomotiven von den gebauten 20 Stück haben nach dem Zweiten Weltkrieg noch großartige Leistungen gezeigt. Bekannt geworden sind die Langstreckenfahrten bei 250 t Last mit Lok 18 323 am 24. 4. 1952 über 1073 km (Freilassing — Kiel) und mit Lok 18 319 am 27. 3. 1956 über 1069 km (Heide — Dachau). Das Personal mußte zweimal wechseln, die Lokomotiven haben die Fahrt ohne Anstände durchgehalten. Eine ähnliche Leistung hat die Lok 18 451 vollbracht, die von Hamburg-Altona nach München Hbf über 820 km hinweg mit drei 26,4 m-Doppelstockwagen am 2. 5. 1951 ohne Ausschlacken gefahren ist. Sowohl diese Lok 18 451 als auch die badischen IV h-Lokomotiven sind für die Nachwelt erhalten geblieben, die Lok 18 314 in der DDR.

England ist wohl das klassische Land der Langstreckenfahrten. Die Züge von London nach Edinburgh fahren Strecken von 630 km ohne Halt. Dabei nehmen sie mit einem Schöpfrüssel während der Fahrt Wasser aus einer genau in der Mitte zwischen den Gleisen liegenden Rinne auf. Auf halber Strecke wechselt das Personal, das im ersten Wagen mitgefahren ist. Wagen und Lok sind nämlich durch einen Seitengang am Tender miteinander verbunden.

Selbstverständlich gibt es in den USA viele Langstreckenfahrten. Nun, was gibt es dort eigentlich nicht? Die Weiten des amerikanischen Raumes verführen ja gerade dazu, Züge und Loks auf langen Strecken durchlaufen zu lassen. Das Wassernehmen während der Fahrt ist dort gang und gäbe. Die Maschinen der Southern-Pacific-Eisenbahn fahren sogar 1500 Kilometer durch. Sie sind allerdings ölgefeuert.

Nach dem Ersten Weltkrieg war eine Zeitlang Ruhe in puncto Rekorde. Alle Bahnen hatten mit sich selbst genug zu tun und Mühe, den heruntergekommenen Oberbau wieder in Ordnung zu bringen. Die Kriegsfolgen lasteten schwer auf Deutschland, mußten doch viele Lokomotiven — und nicht die schlechtesten — auf Grund der Waffenstillstandsbedingungen an die ehemaligen Kriegsgegner abgegeben werden. Ende der zwanziger Jahre setzte dann die große Wirtschaftskrise ein, die aber auch etwas Positives mit sich brachte: Die Eisenbahnen machten sich Gedanken, wie sie ihre Leistungen attraktiver, schöner und vor allem —

schneller gestalten konnten. Der Ingenieur Kruckenberg hatte in jenen Jahren einen Schienenzeppelin erfunden, der durch einen Propeller am Heck angetrieben wurde und mit einem Getöse wie ein Langstreckenbomber über die Schienen brummte. Der Dieselmotor war im Kommen, und die Reichsbahn probierte eine Reihe Diesel-Schnelltriebwagen aus, von denen der „Fliegende Hamburger“ wohl der berühmteste sein dürfte. Diese ganze Serie „Fliegende“ brachten immerhin bis zu 205, der Kruckenbergsche Schienenzepp bis zu 230 Kilometer in der Stunde hinter sich. Als auffallende Parallele zu den Zossener Schnellbahnversuchen von 1902 ergab sich, daß die Dampflokbauer abermals von der Schnelligkeitswelle erfaßt wurden. Die braven Dampfrösser mußten wieder laufen, was das Zeug hielt.

Die Deutsche Reichsbahn nahm sich intensiv dem Problem einer Schnellfahrlokomotive an. Aus einer Vielzahl von Entwürfen, welche die deutschen Lokomotivfabriken eingereicht hatten, wählte sie den Entwurf der Lokomotivfabrik Borsig, Berlin, aus, und gab zwei Probelokomotiven in Auftrag. Damals kam die Stromlinienverkleidung sehr in Mode, man errechnete sich nach Versuchen mit Normallokomotiven der Baureihe 03 einen beachtlichen Gewinn an Geschwindigkeit. Die neuen Lokomotiven erhielten eine sorgfältig im Windkanal errechnete Stromschale.

Im Jahre 1935 waren sie fertig. Sie erhielten die Betriebsnummer 05 001 und 05 002, wohl die denkwürdigsten Loknummern der deutschen Eisenbahnen (Bild 67). Die Loks wiesen die Achsfolge 2'C 2' auf, das Triebwerk war dreizylindrig, die Treibräder besaßen das in Deutschland bisher noch nicht verwendete Maß von 2,30 Meter Durchmesser. Auch ihre sonstigen Abmessungen waren in vieler Hinsicht einmalig.

Dann kamen die ersten Probefahrten und die bange Frage: Würden die Lokomotiven die in sie gesetzten Erwartungen erfüllen? Nun, es stellten sich noch einige Mängel heraus, die aber bald beseitigt wurden. Die Erprobung zog sich, unterbrochen durch die 100-Jahrfeier der deutschen Eisenbahnen in Jahre 1935, lange hin. Auch die Strecke mußte erst vollkommen in Ordnung sein und mit entsprechenden Sicherheitsvorkehrungen versehen werden.

In den ersten Maitagen des Jahres 1936 wurden mit der Lok 05 002 eine Reihe von Meßfahrten im oberen Geschwindigkeitsbereich zwecks Feststellung der Bremswerte bei 180 km/h unternommen. Niemand konnte damals voraussehen, daß der 11. Mai zu einem der großen Tage in der deutschen Eisenbahngeschichte werden sollte. An diesem Tage war eine Meßfahrt mit einem 4-Wagenzug und 200 t Last von Hamburg nach Berlin vorgesehen. Der damalige Reichsverkehrsminister Dorpmüller saß als Fahrgast im Zuge. Die Witterungsverhältnisse waren günstig, die Lok beschleunigte ausgezeichnet, beim Bahnhof Zernitz gelang es dem die Lok führenden Oberlokführer Langhans die 200 km/h-Marke zu überschreiten und über eine kurze Strecke hinweg 200,4 Stundenkilometer zu halten. Das war Weltrekord. Man muß sich dabei vorstellen, daß sich die Räder der Dampflok 05 002 in der Sekunde 7,7mal um ihre Achse drehen mußten und dabei 57 m zurücklegten. Dabei ergaben die Messungen eine Zylinderleistung von 3745 PS, von denen am Zughaken aber nur 1815 PS nutzbar gemacht werden konnten. 1030 PS gingen durch Luft- und Laufwiderstände verloren, ein Zeichen für die Problematik solch schneller Fahrten mit einer kompletten Kraftmaschine, wie sie die Dampflok darstellt.

Diese Rekordfahrt erregte seinerzeit viel Aufsehen in der Welt. Sie zeigte aber auch, daß es keine Schwierigkeit bereitete, mit Dampflokomotiven Schnellzüge bis zu einer Höchstgeschwindigkeit von 180 km/h zu befördern. Alle führenden Eisenbahnländer der Welt besaßen Dampflokomotiven, die derartige Geschwindigkeiten liefen. Besonderes Glück hatten die Engländer. Am 3. Juli 1938 erreichte eine Stromlinienlokomotive der Serie A-4 der London North Eastern Railway, die Lok „Mallard", eine Geschwindigkeit von 202,8 km/h. Auch diese Fahrt wurde vor dem Meßwagen geleistet, so daß die Leistung der 05 002 und der „Mallard" die offiziell schnellsten der Welt sind.

Inoffiziell sind allerdings diese Fahrten in den USA mehrfach überboten worden, besonders durch die 3'BB3'-Lok der Pennsylvania Railroad Klasse S-1. Diese Lok hat unfreiwillig eine ganze Reihe Geschwindigkeitsrekorde aufgestellt, weshalb ihr Einsatz, weil zu gefährlich, für den Reisezugdienst von der US-Bundesregierung verboten wurde. Sie hat es bis zu 240 km/h gebracht. Darüber hinaus schafften die Lokomotiven der Klasse J der Norfolk & Western Rd., die T-1 der „Pennsy" und vor allem die „Niagaras" der New York Central Rd., was bei keiner anderen Bahn der Welt möglich war, nämlich Züge von 1200 t Last noch mit 160 km/h Geschwindigkeit in der Stunde zu befördern.

Die deutschen 05er Loks — 1937 hatte sich noch eine dritte hinzugesellt — wurden nach dem Kriege von ihrer Stromschale befreit und bekamen das gewohnte Gesicht. Sie haben noch eine Reihe Jahre Dienst getan, bis 1958 das Todesurteil über sie gesprochen wurde. Eine blieb der Nachwelt erhalten, die Lok 05 001. Im Verkehrsmuseum in Nürnberg erhielt sie den ihr gebührenden Platz, Seite an Seite mit einer der schönsten deutschen Loks, Gattung bay S 2/6. Wir wollen froh und glücklich darüber sein, daß wir uns die schnellsten und schönsten deutschen Dampfloks so oft und so lange wir wollen im Museum betrachten können.

Wer die schnellste Dampflok kennt, der ist auch neugierig, etwas über die stärkste aller fahrenden Dampfmaschinen zu hören. Das ist gar nicht so einfach zu entscheiden. Bei den schnellsten kann man das in der Zahl der zurückgelegten Kilometer feststellen. Aber bei der stärksten? Welches Maß ist wohl das verständlichste?

Nun, zählen wir einmal die vier stärksten deutschen Dampfloks zusammen. Im Jahre 1913 stellte die Bayrische Staatsbahn — sie hat es gern mit den Rekorden — eine Lok mit geteiltem Triebwerk und acht gekuppelten Achsen in Betrieb, also in der Bauart Mallet. Es war dies die Gattung Gt 2x4/4. Sie war als Schiebelok gedacht für die nordbayrischen Steilrampen. Welch ein Koloß zu ihrer Zeit (Bild 72)!

1917 schickte die Maschinenfabrik Esslingen eine Reihe Goliaths in die Welt. Die Klasse K der Württembergischen Staatsbahn (Bild 47). Die besaß 6 gekuppelte Achsen, war also eine 1'F-Lok. Jahrelang stand sie an der Spitze aller deutschen Kraftprotze. 1938 wurde sie nach Österreich abgegeben, um sich auf der Semmeringbahn richtig austoben zu können.

Als die Reichsbahn 1925 ihre Einheitsloks zu bauen begann, da mußte auch eine starke Güterzuglok dabei sein, die altbekannte und beliebte 44er. Besonders in der Ausführung von 1936 war sie gut gelungen (Bild 126). Die alte Lokgattung K, Baureihe 59, mußte den Lorbeer an die 44er abgeben. Diese sollte ihn aber auch nicht lange behalten. 1937 entstand bei der Reichsbahn die Güterzuglok Baureihe 45, die größte und stärkste deutsche Dampflok überhaupt. 1'E 1' h3 lauten ihre Kennzeichen. Vergleichen wir einmal die Dienstgewichte. Die bayrische Mallet-Lok wog 132 Tonnen, die 59er 104 Tonnen (ohne Tender natürlich), die 44er wiegt 104 Tonnen, und unser Riese, die 45er, gar 127 Tonnen. Wie bescheiden wirken diese jedoch, messen wir sie an den Lokomotivriesen der USA. Die größten Dampflokomotiven der Welt, die berühmten „Big Boys" der Union Pacific Railroad, wogen 350 t, also fast das Dreifache der deutschen BR 45. Dabei besaß die Bahn immerhin 25 Stück dieser Giganten mit der Achsfolge (2'D)D2'. Sie stellten durchaus keine Ausnahme dar. Die 45 Loks der Achsfolge (1'C)C3' der Chesapeake & Ohio Rd. brachten 329 t Gewicht auf die Waage. Dabei müssen wir die Tender noch hinzurechnen, die bei den „Big Boys" nochmals 198 t wogen, 93 cbm Wasser faßten und 26 t Kohle mitführten. Der Tender der 45 faßt 38 cbm Wasser und 10 t Kohle. Natürlich besaßen diese Lokomotiven automatische Feuerungen, sogenannte Stoker-Feuerung. Denn diese Riesenroste mit Kohle zu beschicken, das ging über Menschenkraft.

Wie gesagt, das sind keine Einzelgänger, sondern nur einige auffallende Vertreter aus einem ganzen Riesengeschlecht. Nun läßt sich auf Lokomotiven mit zwei Triebwerken eine größere Leistung unterbringen, als auf einer Lok der Regelbauart. Doch auch bei dieser gab es Superlative. Die größten Brocken fuhren auf den Gleisen der Pennsylvania-Eisenbahn, sie besaß 118 Loks der Achsfolge 1'E2' mit dem stattlichen Gewicht von 261 t. Die 1'E2' der Bessemer & Lake Erie-Eisenbahn wogen 238 t.

Vergleichen wir einmal die Länge. Die deutsche Güterzuglok der BR 45 war mit Tender 25,6 m lang. Die amerikanischen Riesen maßen fast durchweg mehr als 35 m.

Entsprechend hoch sind auch die Zugleistungen dieser Giganten auf Rädern. Die normale Last eines Mallet-Riesen lag bei 10—12 000 t Zuggewicht. Güterzüge von 15 000 t Last gehören keineswegs ins Reich der Fabel. Die bereits 1918 gebaute (1'E) E1'-Type der Virginian Rd. soll sogar noch mehr gezogen haben. Später werden wir noch von Leistungen der „Big Boys" der Union Pacific Rd. hören.

15 000 t, eine gewaltige Zahl! Das sind 200 Stück vollbeladene vierachsige amerikanische Güterwagen oder über 300 deutsche D-Zugwagen oder 400 schwer

beladene deutsche Güterwagen der Omm-Type, eine für uns Europäer kaum vorstellbare Leistung.

Es gibt die unmöglichsten Rekorde, es ist alles schon dagewesen.

Zum Beispiel gab es schon Loks mit drei Triebwerken. Die besaßen die Achsfolge (1'D) D (D 1')! Es gab auch schon 2'G 2'-Loks! Richtig gehört, G! Da müssen wir die Finger zu Hilfe nehmen: A, B, C, D, E, F, G! Du lieber Himmel, 7 Kuppelachsen! 11 Achsen unter einem Rahmen. Das ist schon der reinste Tausenfüßer! F-Loks sind ja keine Seltenheit. Vor wenigen Jahren hat Frankreich nochmals eine 1'F gebaut, die Klasse 160 A. Auch wieder ein Außenseiter, nämlich eine „Sechszylinder-Verbund"-Lok! Aber es sind Rekorde der Vergangenheit. Sie leben alle nicht mehr, diese Ungeheuer. Eine versunkene Welt! Die letzten dieser amerikanischen Riesen wurden noch in den Jahren 1946—48 gebaut. Zehn Jahre später waren sie alle schon wieder verschrottet.

So schnellebig ist unsere Zeit.

Unsere bayrische Gt 2x4/4, unsere pummlige 59er, unsere mächtige 45er, fort sind sie. Beim Versuchsamt der Bundesbahn in Minden standen noch ein paar herum. Aber auch über sie ist die Zeit endgültig hinweggeschritten.

Die große Dampflokzeit, die um die Jahrhundertwende begann, die eine Welt in Erstaunen und Überschwang versetzte, die in Rekorden und Spitzenleistungen nie gekannten Ausmaßes gipfelte — die große Dampflokzeit — ist vorbei!

Auf dem Führerstand der 01

Immer wieder hört man das Schlagwort von der „Romantik“ der Dampflokomotive, ja des Dampfzeitalters überhaupt. Eine solche Betrachtungsweise mag zeitgebunden sein, sie mag der „Nostalgiewelle“ entsprechen, die ja im Grunde nur Ausdruck der Unzufriedenheit der Menschen mit der Überflußgesellschaft ist, der Sehnsucht nach der scheinbaren Geborgenheit unserer Vorfahren. Mit Romantik überspielen wir die Furcht vor der Zukunft; die Vergangenheit ist überschaubar, vieles erscheint heil, was heute als Unheil uns bedroht. Gerade deshalb mag der Wunsch nach Romantik ein lebensnotwendiger Ausgleich für die innere Leere sein, mit der der Mensch heute ringt — sofern er sich nicht an diesen Zustand, den Fußball und Fernsehen mühselig genug übertünchen, gewöhnt hat.

War sie wirklich romantisch, die Zeit der Dampfeisenbahn? Da ergibt sich eine interessante Feststellung. Als zu Beginn der sechziger Jahre dieses Jahrhunderts der sogenannte Strukturwandel, also die Umstellung von Dampf auf Diesel- und elektrische Zugförderung auf vollen Touren lief, als kolonnenweise Lokführer und Heizer auf die Bedienung moderner Lokomotiven umschulten, da ging ein großes Aufatmen durch die Eisenbahnwelt: Endlich bekam der Lokführer einen menschenwürdigen Arbeitsplatz, endlich konnte er die schwarze Kluft ablegen, endlich brauchte der Heizer nicht mehr zwischen verölten Treibstangen hindurch unzugängliche Gleitbahnen abschmieren, blieben die Hände sauber, bekam die Mannschaft ein Dach über den Kopf und einen ordentlichen Sessel zum Arbeiten. Von hundert Umschülern machten wenigstens 90 die berühmten drei Kreuze hinter den schmutzigen „Dampfern“ her. Man haderte, wie man sich ein ganzes Leben lang bei Wind und Wetter mit der Dampflok herumgequält habe, die Umschulung entsprach dem Drang zum schöneren, bequemeren Leben der Wohlstandsgesellschaft.

Fünfzehn Jahre später sahen die Dinge anders aus. So mancher Lokführer, der seinerzeit nicht schnell genug vom Regler wegkonnte, sehnte sich heimlich nach den alten Zeiten, da er noch nicht stundenlang in seine Blechkabine eingesperrt war, da er nicht nur ein Schaltrad zu bedienen hatte, nicht nur den Blick stupide auf den Schienenstrang heften mußte, und nicht zwischen Herzinfarkt und Lärmschaden wählen brauchte. So ändern sich die Zeiten. Auf dem Führerstand der Dampflok herrschte Betriebsamkeit, da konnte man sich bewegen, da gab es Zeit zu einem Gespräch mit dem Feuermann, sofern man sich überhaupt leiden konnte, eine keineswegs selbstverständliche Voraussetzung. Da gab es auf dem Bahnhof zu tun, da mußte man mit dem Hammer das Triebwerk nachsehen, hier Öl nachfüllen, dort mit dem Handrücken die Achswärme prüfen. Diese Dinge erscheinen fünfzehn Jahre später unter einem ganz anderen Blickwinkel. 1960 wäre derjenige, der beim Dampfbetrieb von Romantik gesprochen hätte, noch als „Spinner" verschrien worden. Die Relationen haben sich geändert.

Eines kommt hinzu. Die Jungen der zwanziger Jahre mögen die letzten gewesen sein, die den Wunsch hatten, Lokführer zu werden. Dann trat das Auto immer mehr in den Vordergrund, man wollte Rennfahrer oder sogar Flieger werden. Mit zunehmendem Alter ist aber bei vielen Zeitgenossen, die inzwischen vergebens die Rosen gesucht haben, die man ihnen auf den Lebensweg zu streuen versprochen hatte, der Wunsch nach jenem Kindheitsideal wach geworden. Verwirklichen läßt sich dieser Wunsch höchstens bei einer kleinen Touristenbahn, die den Urlaubern anbietet, einmal den Regler des Lokomotivchens in die Hand zu nehmen. Andere Möglichkeiten gibt es nicht mehr, sofern man nicht mit der Führung seiner Miniaturlok im Wohnzimmer zufrieden ist. Der jüngere Leser kennt den Führerstand nur vom Hörensagen. So wollen wir denn gemeinsam, Sie lieber Leser, und ich, der ich sozusagen als Vermittler der Eindrücke auftrete, eine Fahrt auf dem Führerstand einer Dampflok unternehmen. Wir suchen uns aber nicht etwa eine langsame Güterzuglok aus, auch keine Rangierlok, mit der die Lokmänner früher die Gleise „bügeln" mußten. Wir wählen auch keinen Eilzug der späten sechziger Jahre, vor welchen die Dampflok oft nicht mehr als drei oder vier Wagen zu ziehen hatte, eine geradezu lächerliche Last für eine leistungsfähige Maschine. Nein, lassen Sie uns einen großen Sprung zurück unternehmen in jene Jahre, als der Dampf auf dem Höhepunkt seiner Entwicklung angekommen war, der Zugverkehr kaum noch einer Steigerung fähig schien, und eine Reise immer unter der Begleitmusik des Schornsteinauspuffs stattfand.

Donnerstag, der 14. April 1938. Es ist der sogenannte Gründonnerstag vor dem Osterfest. Wir stehen auf dem Hauptbahnhof Frankfurt am Main, sind soeben durch die Sperre gegangen, haben uns dort in die Reihe der Wartenden mit eingeordnet. Ein finsterer Zerberus sitzt drohend und unnahbar in seinem Kabüffchen und prüft die Fahrkarte, auf daß sich ja kein Unbefugter auf den Bahnsteig schleichen kann. Auf dem Querbahnsteig herrscht Hochbetrieb, Menschen plagen sich mit Gepäck ab, eilen die lange Passage entlang, dazwischen Gepäckträger in ihrer grünen Kluft, lange Züge von Postkarren, durch ein Elektrofahrzeug gezogen. Unser erster Blick gilt der Nummernsäule vor jedem Bahnsteig mit dem Zuganzeiger, wir wollen zum Bahnsteig 8. Dort steht verheißungsvoll angezeigt: Schnellzug, zuschlagpflichtig, darunter das Ziel: Bebra — Eichenberg — Hannover — Hamburg — Altona Hbf, Abfahrt 14.52 Uhr. Das Angebot auf Gleis 9 ist weniger attraktiv, dort soll um 15.36 ein Personenzug über Hanau — Fulda nach Bebra fahren. Doch unser Blick gilt auch den Nachbargleisen 6 und 7, auf denen weitere Schnellzüge bereitstehen. Auf Gleis 6 soll um 14.40 Uhr ein Fernschnellzug (FD 5) über Erfurt und Leipzig nach Berlin

Anh.Bhf. fahren und auf Gleis 7 um 14.44 ein Schnellzug (D 45) den gleichen Weg, nur entsprechend langsamer. Nun sage einer, der Zugverkehr im Jahre 1938 sei nicht attraktiv gewesen. Drei Schnellzüge werden im Abstand von nur wenigen Minuten über einunddieselbe Strecke brausen, erst in Bebra scheiden sich ihre Wege.

Uns interessiert der Schnellzug nach Altona, der D 85. Er ist um 14.20 Uhr von Basel SBB kommend in Frankfurt eingelaufen. Ein 1. und 2. Klasse-Kurswagen für den FD 5 ist bereits umgestellt worden, denn der Fernschnellzug wird in wenigen Minuten davondampfen. In Hannover tauscht der D 85 dann noch Kurswagen mit dem D 185, der in gleicher Richtung, aber über die Main-Weser-Bahn, nach Bremen läuft.

Doch nun wird es Zeit, daß wir auf den Bahnsteig kommen. Das Gewühl ist beängstigend an jenem Donnerstag vor Ostern, viele Reisende wollen das Fest zum Besuch von Angehörigen nutzen, es sind zudem Schulferien. Kaum, daß wir uns einen Weg den Zug entlang bahnen können. Hinter dem Bremsprellbock dampfen die Lokomotiven, die den Zug bis Frankfurt geführt haben. Mit langsamen Hüben tackt die Speisepumpe der Lok Baureihe 38^{10}, die ganz vorn steht. Der Zug ist mit Vorspann gekommen, zweite Lok ist eine 18^{5} des Bw Darmstadt. Die Lokmänner schauen aus dem Fenster auf das bunte Treiben auf dem Perron. Für sie ist jetzt erst einmal Pause, sie fahren zum Schuppen, drehen und rüsten sich zur Rückfahrt nach Heidelberg. Doch zuvor haben sie noch eine wichtige Funktion zu erfüllen. Daß der Zug mit Vorspann gekommen ist, deutet auf seine Länge und sein großes Zuggewicht hin. Die Strecke nach Hanau — Bebra steigt schon bald nach Verlassen des Bahnsteigs auf eine Rampe, die in starker Linskurve zur Mainbrücke führt. Die Lok eines solch schweren Zuges kann auf so kurzer Strecke nicht genügend Anlauf nehmen, den Zug mit der erforderlichen Geschwindigkeit zu befördern. Die Lokomotiven am Zugschluß müssen also bei der Ausfahrt kräftig anschieben. Schade, daß wir vor zur Zuglokomotive gehen wollen, denn das ist wohl eines der prächtigsten Bilder zur Zeit der Dampfeisenbahn gewesen: Die mit gewaltigen Auspuffstößen, die als Donnergetöse in der Bahnhofshalle widerhallten, den Zug rückwärts aus der Halle drückenden Lokomotiven. Der kundige Leser mag sich den besonders stark knallenden Auspuff der bayerischen 18^{5}-Lokomotive vorstellen, um zu ermessen, daß der ältere Eisenbahnfreund jene Zeit sein ganzes Leben lang nicht vergessen kann und ihr — hundertmal die Vorzüge der modernen Traktion bejahend — dennoch nachtrauert.

Wir schlendern weiter die Wagenreihe entlang. Überall in den Fenstern lehnen Reisende, die sich von ihren auf dem Bahnsteig stehenden Angehörigen verabschieden oder ganz einfach neugierig sind. Dazwischen schiebt ein dienstbarer Geist — damals eine Selbstverständlichkeit — in weißer Jacke ein Wägelchen mit Erfrischungen den Zug entlang: „Heiße Wüß — — chen, Biäää, 'monade" schreit er unentwegt und stößt beinahe mit einer Fee zusammen, die ein ähnliches Fuhrwerk, allerdings mit literarischem Angebot kutschiert und Reiselektüre feilbietet. Dazwischen wieder Bahnbedienstete mit wichtiger Miene und über allem ein Brodeln und Summen, vermischt mit Auspuffschlägen, die von anderen Bahnsteigen herüberhallen, Bremsenquietschen einlaufender Züge, irgendwo krächzende Laute aus einem Bahnsteiglautsprecher, Turbulenz, Unruhe, Aufregung, wie sie einer Reise in jenen Jahren das Fluidum gab.

Wie ist der Zug lang! Wir haben bereits die Halle verlassen und betreten den Außenbahnsteig, der nur ein einfaches Dach aufweist. Eben, als wir den letzten Wagen erreicht haben, drückt von draußen die Lokomotive mit weiteren Wagen rückwärts heran, auf dem Trittbrett ein den Arm schwingender Rangierer, der dem Lokführer mit Pfiff und Armwinken das Zeichen zum halten gibt, als sich langsam Puffer an Puffer legen. Das ist gekonnt, stellen wir fest, unsere alten Lokmänner legten ihre Ehre darein, stoßfrei an den Zug zu kuppeln.

Oh weh, das sind ja noch drei Wagen, ein dritter Klassewagen mit Bestellschildern an den Fenstern, offenbar für einen Kindertransport, dann zwei Postwagen Frankfurt — Hamburg mit der Osterpost! Sie stehen schon nicht mehr am Bahnsteig, erst recht nicht die Lokomotive. Wir müssen vom Bahnsteigende herab und über den Schotter klettern, bis wir sie erreichen. Mit schnellen Hüben arbeitet ihre Luftpumpe, die Bremsleitung zu füllen. Tamm tah — tamm tah — tamm tah —! Blankgewienert und auf Hochglanz gebracht, die zwei Meter hohen Treibräder leuchtend rot, steht sie vor uns. Am Führerhaus ihre Visitenkarte: 01 182, und in der rechten Ecke ihr Heimatbahnhof „Bebra". Die heute üblichen Buchstaben Bw fehlten damals noch.

1938 war es so gut wie aussichtslos für einen Normalverbraucher, auf einer Lokomotive mitfahren zu dürfen, wer hätte überhaupt gewagt, als „Zivilist" einen derartigen Wunsch zu äußern? Indes, niemand hindert uns heute daran, im Geiste eine Fahrt auf dem Führerstand der 01 182 vom Bw Bebra mitzumachen. Die Gedanken sind frei, lassen wir unserer Fantasie die Zügel schießen.

Wir entern die Leiter zum Führerstand hinauf, klappen die Tür auf und treten ein. Ein brummiger Lokführer erwidert mürrisch unseren Gruß, er ist eben dabei, seinen Buchfahrplan in die Klemme am Kessel zu schieben. Schritte auf dem Schotter draußen lassen ihn aus dem Fenster schauen. Der Zugführer bringt den Bremszettel. „Ist 'ne Masse Holz heute, Meister," ruft der dem Lokführer zu, „werdet allerhand zu tun kriegen!"

„Hat die Welt denn so was schon gesehen?" schimpft unser Meister, „630 Tonnen am Haken und dann geben die einem noch nicht mal Vorspann! Wie soll ich denn da planmäßig den Distelrasen raufkommen? Wenn die da oben nur selber mal kutschieren müßten, dann sähe das anders aus. Aber mit uns, da können sie's ja machen!"

Wir pflichten dem braven Mann bei, worauf er sich etwas besänftigen läßt. Vielleicht wollte er nur bestätigt wissen, wie schwer er es habe? Der Heizer hat ordentlich gefeuert, der Zeiger des Manometers, des Dampfdruckmessers, steht bei 16 kg/cm² — wir sagen einfach atü, an dem dort angezeigten roten Strich, der den höchst zulässigen Dampfdruck markiert. Wir hören auch bereits das leise

Säuseln der Sicherheitsventile, zum Abblasen bereit, wenn der Druck weiter ansteigt. Aber der Heizer öffnet die Feuertür, die eindringende kühle Luft drosselt die Dampferzeugung etwa gerade so viel, daß der Druck nicht weiter steigt. Das ist zwar verboten, aber was solls? Man hilft sich eben.

Hinten am Bahnsteig leuchtet das unterste der drei weißen Lichter auf: Bremse anlegen! Der Lokführer — in der Eisenbahnersprache Meister genannt — lehnt aus dem Fenster, die Linke am Führerbremsventil. Luft entweicht und bewirkt einen Bremsstoß, die Klötze pressen sich an die Radreifen. Der Wagenmeister und sein Gehilfe hinten am Zuge prüfen, ob die Luft bis zum letzten Wagen „durchschlägt", klopfen wohl auch mit dem Hammer den festen Sitz der Bremsklötze ab. Dann leuchtet das zweite Licht auf: Bremse lösen! Der Meister drückt den Hebel des Bremsventils nach vorn, die Pumpe arbeitet, die Bremsklötze lösen sich von den Rädern. Alles scheint in Ordnung, denn nun leuchten alle drei Lampen auf als Signal, daß die Bremsprobe beendet ist.

Vom Nachbargleis her tönt jetzt donnerndes Puffen an unser Ohr, der D 45 zieht aus der Halle, er soll laut Plan 8 Minuten vor dem D 85 liegen. Doch er hat Verspätung, es ist bereits 14.51 Uhr. „Die hätten sich mit ihrer Fuhre auch mal dazuhalten können", mäkelt unser grantiger Meister, „jetzt haben wir die Erfurter dauernd vor uns!"

Der letzte Wagen vom 45er poltert vorbei, die Schiebelok hat schon abgesetzt, sie dampft langsam heran, es ist nur der „Rangierbock", der den D 45 an den Bahnsteig gebracht hat, denn er wurde in Frankfurt eingesetzt. Doch wir müssen nach unserem Bahnsteig sehen, der Lautsprecher verkündet baldige Abfahrt und fordert zum Türenschließen auf. Letzte Hände werden geschüttelt, so weit wir das aus unserer vorgeschobenen Position überhaupt beobachten können. Die Spannung steigt, jenes prickelnde Gefühl umschleicht uns, das der Abfahrt eines Dampfzuges vorauszugehen pflegt.

„Wenn die hinten nicht richtig drücken, bleiben wir schon an der Mainbrücke hängen", räsonniert unser Meister wieder. Ei wenn schon, denken wir, dann wird es erst recht spannend.

Jetzt wärmt der Lokführer die Zylinder an. Das geschieht dadurch, daß er bei festgebremster Lok den Regler ein wenig öffnet und die Steuerung kräftig durchdreht, sie also nach vorn und hinten auslegt. Dabei werden die Zylinderventile geöffnet, auf daß der in die Zylinder einströmende Dampf nach Anwärmung der Zylinderwände wieder entweichen kann. Die Prozedur verfolgt den Zweck, daß beim Anfahren die Zylinder nicht zu kalt sind und Kondenswasser entsteht. Unser Zug hat 630 t Last. Das bedeutet, daß die 01 182 unter voller Ausnutzung der Kessel- und Maschinenleistung gefahren werden muß, also mit vollem Kesseldruck und vollem Schieberkastendruck, der etwa 1 kg/cm² niedriger liegt, als der Kesseldruck. Die Kesselgrenzleistung ist vom Zustand der Lok abhängig. Eine schlechte Lok, also eine schlecht unterhaltene, schlecht gepflegte, verbraucht mehr Dampf und damit mehr Wasser und Kohle. Unsere 01 182 macht jedoch einen — wie der Lokmann sagt — tipptopp Eindruck. Erwähnen wir noch, daß der Heizer vor Fahrtbeginn die Ölpressen an Luft- und Speisepumpe kontrolliert hat, denn ihre Funktion ist lebenswichtig für den Betrieb dieser Aggregate. Genau so wichtig ist die Prüfung, ob der Sandkasten voll ist und der Sand durch die Rohre läuft. Denn Schleudergefahr kann man nur durch Sandgeben vor die Treibräder mindern.

Jetzt schließt der Heizer die Feuertür, die Spannung des Zaungastes erreicht ihren Höhepunkt, wir blicken aus dem Führerhaus nach hinten. „Ausfahrt steht"! hat sich die Mannschaft soeben zugerufen, da hebt der Aufsichtsbeamte hinten am Bahnsteigende auch schon die „Kelle": Abfahren!

Der Lokführer tritt an seinen Platz, ein Griff zum Pfeifenzug: "Tschuuhuuuuth"! heult die Dampfpfeife mit ihrem tiefen Ton los. Es heißt nach hinten lauschen — richtig — aus der Bahnhofshalle ertönt der grelle bayerische Pfiff der 18^5, Signal, daß die Schiebemaschinen bereit sind. Es kann losgehen.

Mit der linken Hand greift der Lokführer zum Regler und drückt ihn langsam ganz nach links. Gleichzeitig öffnet er die Zylinderventile, damit etwa noch vorhandenes Kondenswasser aus den Zylindern ausgeblasen werden kann. Das Anfahren eines solch schweren Zuges noch dazu unter Frankfurter Bedingungen ist nicht einfach. Unser Meister kann nicht sanden, denn wir stehen mit den Treibrädern direkt auf einer Weiche. Damit die Lok nicht schleudert, muß der Regler sofort wieder etwas eingezogen werden. Da hilft alles nichts, die beiden „Schieber" hinten müssen zunächst tüchtig ran. Ganz langsam setzt sich unsere Lok in Bewegung, wir spüren richtig den Widerstand, wenn die Zughaken alle gespannt sind und die Maschine jetzt mit ihrer ganzen Gewalt diese träge Masse Zug in Bewegung setzen muß.

„Wuff" — braust der erste Auspuffstoß aus dem Schornstein, noch etwas schwach, dann „wuff" — der zweite, denn der Meister hat den Regler gedrosselt. Weißer Dampf zischt aus den Zylindern und hüllt uns vollständig ein, so daß wir nichts sehen können. Doch jetzt sind wir über die Weiche, also Sandstreuer auf und den Regler bis zum Anschlag aufgedrückt! Hei, nun geht es los, daß es eine Lust ist! Wir blicken aus dem Führerhaus nach hinten, um das Donnern der beiden schiebenden Lokomotiven zu hören. Da scheint förmlich die Bahnhofshalle zu wackeln, denn beide arbeiten mit voller Anstrengung. Und das muß so sein, denn das Schreckgespenst Brückenrampe steht vor uns.

„Wuff — wuff — wuff — wuff — wuff —" brüllt unsere 01 182 jetzt mit voller Kraft aus dem Schornstein. Wir sehen, wie sich unsere lange Wagenschlange aus dem Bahnsteig herauswindet, nun haben auch die Schiebeloks die Halle verlassen, eine gewaltige weiße Dampfwolke wälzt sich hinten über den Bahnsteig, hier vorn sieht es nicht viel anders aus. Jetzt spüren wir, wie die hinten abgehängt haben, unsere 01 muß die Arbeit allein leisten. Doch es besteht keine Gefahr, wir sind tüchtig in Fahrt gekommen. Längst sind die Zylinderventile wieder geschlossen. Ein wundervoller Blick erwartet uns jetzt von der Heizerseite aus nach hinten, denn wir legen uns in die Linkskurve und können den Zug in seiner ganzen Länge betrachten.

Der Lokführer hatte nach dem Anfahren, so etwa nach vier bis fünf Radumdrehungen, die Steuerung auf 5/10 eingezogen, um die Dampfdehnung in den Zylindern voll auszunützen. 5/10 sagen die Lokmänner, eigentlich muß es 50% heißen, bleiben wir bei dieser amtlichen Bezeichnungsweise. Wegen der Brückenrampe können wir höchstens bis 45% zurückgehen, das kostet Dampf. Vor der Abfahrt hatten wir uns überzeugt, daß auf dem Rost ein schönes helles Grundfeuer brannte. Während des Anfahrvorganges darf nicht gefeuert werden, damit keine kalte Luft in die Feuerbüchse eintritt. Doch jetzt reißt der Heizer die Feuertür auf, fünf, sechs Schaufeln schwarzer Kohle verschwinden im Bauch der Maschine, der Auspuffdampf färbt sich dunkler. Wir müssen den Dampfdruck unbedingt halten, denn der Zug soll fahrplanmäßig befördert werden, auch wenn er Überlast hat. Auf der Dampflok herrschen andere Bedingungen als auf einer elektrischen oder Dieselmaschine. Da muß der Wasserstand im Schauglas beobachtet werden. Sinkt er ab, ist Speisung erforderlich, meist läßt der Heizer die Speisepumpe mit langsamen Hüben mitlaufen. Die Heißdampftemperatur erfordert Beachtung, klettert der Zeiger des Pyrometers bis auf 400°, dann herrschen für die 01 optimale Bedingungen. Das ist vielleicht der gravierendste Unterschied zwischen den Traktionsarten. Der Lokführer einer Dampflok ist nicht nur „Führer", nein, er überwacht gleichzeitig ein ganzes Kraftwerk auf Rädern als Obermaschinist, während der Heizer geprüfter Kesselwärter ist. Die Bedienung einer Dampflok ist wesentlich schwieriger als das Fahren einer Elektrolok, dessen Schaltrad letztlich auch ein kleines Mädchen bedienen kann.

Genug der Theorie, sie ist nicht mehr akut, wir wollten— vielleicht zum letzten Male überhaupt — dem Leser die Vorgänge bei der Fahrt auf dem Führerstand einmal vor Augen führen, daß er sich — auch wenn er nie mehr Gelegenheit hat, eine Dampflok zu sehen —, dennoch ein Bild von ihrer Arbeitsweise machen kann.

Wir sind über die Mainbrücke gepoltert, unsere 01 hat jetzt eine lange ebene Strecke vor sich, die Auspuffschläge werden schneller und schneller, der Meister geht mit der Steuerung weiter zurück und klinkt bei 40% ein. Es ist immer wieder eine Lust, zu beobachten, wenn eine solch große, schwere — und wegen ihrer hohen Treibräder auch etwas träge — Lok langsam in Fahrt kommt.

Unser Kurs geht gen Osten. Mit 70 km/h brausen wir durch den Bahnhof Frankfurt Süd und genießen den Widerhall unserer Auspuffschläge unter der Bahnhofshalle. Dann geht es weiter auf die freie Strecke, an Frankfurt-Oberrad vorbei auf schwacher Steigung gen Offenbach, dem ersten Halt unserer Fahrt. An der Stadtgrenze hat der Meister den Regler geschlossen und die Steuerung auf 60% ausgelegt. Einen Druckausgleicher brauchen wir nicht zu öffnen, unsre Lok ist mit Druckausgleich-Kolbenschiebern Bauart Schulz ausgerüstet. Sie erfordern aber langsames Öffnen des Reglers und 60%-Auslage der Steuerung bei Leerlauf.

In Offenbach heißt es die Bremse aufmerksam bedienen, denn einen so langen Zug an der richtigen Stelle zum Halten zu bringen, das will gelernt sein. Es vergehen nämlich einige Sekunden, bis die Bremse auch im letzten Wagen anspricht, der Reisende hat sicher schon den kleinen Ruck gespürt, wenn der Wagen kurz vor dem Anlegen der Klötze auf die Pufferfedern drückt. Unser Bebraer Lokführer versteht sein Fach. Vierzig zeigt der Geschwindigkeitsmesser, kurz Tacho genannt, als wir den Bahnsteig erreichen, genau die richtige Geschwindigkeit, um die Lok kurz vor dem Ausfahrtsignal zum Halten zu bringen.

„Wie schön kämen wir voran, wenn wir nicht in jedem Kaff halten müßten", schimpft unser Meister und hat sogar recht. Das Fahren mit der 01 wird durch kurze Bahnhofabstände erschwert, das kostet Dampf und Zeit, zumal wenn 630 t am Haken hängen.

Ausfahrt frei, Abfahrtspfiff, Regler auf, schwerfällig wummert unsere Maschine ihre dumpfe Melodie in den diesigen Tag hinein. Der Schall der Auspuffschläge bricht sich an den Häuserwänden, welche die Bahnstrecke säumen, es geht langsam, arg langsam voran. Da war es vorhin in Frankfurt leichter, als die beiden Lokomotiven am Zugschluß so aktiv mithalfen.

Hinter Offenbach Ost sorgt ein kurzes Gefälle dafür, daß wir zügiger in Fahrt kommen und in Mühlheim 80 km/h „draufhaben". Viel mehr geht jedoch auf diesem Streckenstück nicht herauszuholen, denn hinter dem Bahnhof Klein Steinheim beginnt die Mainbrücke, die nur langsam befahren werden darf. Ohne Dampf rollen wir nach der Rechtskurve die Rampe zum Hanauer Hauptbahnhof hinab, wo der Zug an der vorgeschriebenen Stelle hält.

Jetzt vergleicht der Meister die Zeit. Als wir Frankfurt verließen, war es 14.55 Uhr gewesen, der D 45 hatte uns zu einer Verspätung verholfen. In Hanau sind wir 15.24 eingelaufen, dabei hätten wir 15.21 bereits abfahren sollen. Mißmutig schüttelt er den Kopf. „Gustav, mache ordentlich Dampf auf, sonst bleiben wir hängen. Die hätten uns wirklich Vorspann geben können, wenigstens bis Fulda!" Unser Lokführer schimpft vor sich hin, der Heizer scheint indes heiterer Lebensart zu sein, er nimmt's leichter als sein brummiger Chef. Sein Fach versteht er, das muß man sagen. Der Kessel hat sich wieder erholt, das Feuer ist schön durchgebrannt, der Zeiger des Manometers steht am roten Strich und die Ventile säuseln. Er läßt den Injektor ein wenig rauschen, damit sie im Bahnhof nicht etwa abblasen. Denn das gäbe einen gewaltigenLärm.

Es gibt Aufenthalt an unserem Zug, die Kinder sind in den bestellten Wagen eingestiegen, der Uhrzeiger weist 14.26, dann 27, erst 14.28 gibt die Aufsicht das Zeichen zur Abfahrt.

„So Herr Nachbar", brummelt uns der Lokführer zu, „jetzt schieben Sie mal 'n bißchen mit, wir haben's nötig!"

Damit packt er den Regler, drückt ihn vorsichtig auf, gibt Sand vor die Räder und fährt mit vollem Schieberkastendruck an. Wir haben Glück, die 01 schleudert nicht, gleichmäßig wummern die Auspuffschläge zum Himmel. Die Eisenbahner hören, daß sich hier eine Lok mit ihrer großen Zuglast schwer tut und sehr anstrengen muß. Der Lokführer geht mit der Steuerung wieder auf 5/10 zurück, jetzt heißt es Millimeterarbeit am Handrad zu betreiben. Wegen der

Schwere des Zuges muß er ständig mit ganz geöffnetem Regler fahren und die Beschleunigung mit der Steuerung regulieren. Geht er mit dieser jedoch nicht weit genug herunter, dann braucht er zu viel Dampf, der Kessel wird erschöpft, in der Lokführersprache heißt das, der Kessel geht in die Knie, die Folge ist Ausfall wegen Dampfmangels. Und ein Nothalt zum Dampfmachen ist immer problematisch. Spart er aber am Dampf, dann kann er die Fahrzeit nicht halten, dann kommt die Maschine nicht „auf Touren“. Wir sehen, es war schon ein eigenes Geschäft, eine Dampflok mit Zug zu beschleunigen.

In der Kurve am Lokschuppen geht der Meister auf 40% Füllung herunter, der Tachometer klettert auf 60. Mit 70 km/h fahren wir durch den Bahnhof Wolfgang. Die Nadel kriecht nur langsam aufwärts. Schließlich haben wir bei 35% Füllung in Langenselbold 95 erreicht und jagen an einem dort wartenden Güterzug vorüber. Immer wieder feuert der Heizer, immer wieder quillt eine schwarze Rauchwolke aus dem Schornstein, der Auspuff hämmert ununterbrochen, nun beginnt die lange, lange Steigung 1 : 550, die bis Wächtersbach dauert. In Nieder Mittlau haben wir endlich die 100 km/h erreicht, so schön könnte es weitergehen, wenn — ja wenn das Vorsignal zum Meerholzer Bahnhof nicht auf Halt stünde.

„Nun guckt euch den Salat an“, grommelt der Meister, „ich habe es geahnt, der 45er liegt vor uns, die haben heute ebenfalls Überlast und keinen Vorspann. Ja der FD 5 mit seinen 6 Wagen ist längst über alle Berge. Da sitzen ja auch die Bonzen drin, wir hier können sehen, wo wir bleiben.“

Dampf weg, ein leichter Bremsstoß. Zum Glück geht das Hauptsignal noch rechtzeitig auf Frei. Also Regler auf, Steuerung auf 50%, schon setzt die Auspuffmusik wieder ein. Am Stellwerk hängt jedoch das Langsamfahrzeichen aus dem Fenster, darunter eine schwarze Tafel, auf der mit Kreide die Zahl 45 geschrieben steht.

Es ist ein kurzes Glück; das nächste Vorsignal, Einfahrt Gelnhausen, zeigt wieder Halt. Wir rollen aus, Luft strömt aus der Leitung, das Hauptsignal rührt sich nicht, der Flügel zeigt erbarmungslos nach rechts, so sehr wir auch das Freizeichen erhoffen. Also Halt. Mit stampfender Luftpumpe kommt der D 85 zehn Meter vor dem Hauptsignal zum Stehen.

Nun fängt es auch noch an zu regnen.

Der Lokführer brummt einige Worte vor sich hin, die nicht im Duden stehen. Dann klärt er uns auf. „Der 45 hält nämlich in Gelnhausen. Nachher gibt es in Wächtersbach das gleiche Theater. Werden Se bloß nicht Lokführer, sonst können Se graue Haare kriegen.“

Eine lange Minute vergeht, ehe Leben in den Flügel kommt und er mit einem Knacken nach oben schwenkte. Das alte Spiel wiederholt sich, Regler auf, Sand, auf den Atem der Lok horchen, ständig bereit, den Regler einzuziehen. Und dann das langsame Vorarbeiten, das Beschleunigen bei Steigung 1 : 550. Gewiß, das ist noch keine bedeutende Rampe, aber die Lok merkt sie, wenn 630 t am Haken lasten.

Wie mag es hinten im Zuge aussehen? Er ist sehr voll, die Fahrgäste werden schimpfen, daß wir so langsam voran kommen. Man möchte gern zeitig zum Fest am Ziele sein. Im Speisewagen werden die letzten Gäste ihr Mittagsmahl einnehmen und die ersten zum Kaffee anrücken. An die Sorgen der Lokmannschaft denkt niemand, ei — sie werden ja dafür bezahlt!

Mit 50 poltert der D 85 den Bahnsteig von Gelnhausen entlang und schwenkt in das anmutige Kinzigtal ein. Der Meister versucht zu beschleunigen, so gut es geht. Aber das kostet halt Dampf, immer wieder verschwinden 5, 6, 7 Schaufeln Kohle im Feuerloch, immer wieder tackt die Speisepumpe oder rauscht der Injektor, das zur Verdampfung erforderliche Wasser dem Kessel zuzuführen.

In Wirtheim haben wir es glücklich auf 70 km/h gebracht, eine bescheidene Leistung. Das Tal macht hier eine Krümmung. Wir überholen einen Personenzug, der am Bahnsteig wartet. Die Mannschaft seiner 38^{10} schaut uns aus dem Führerhaus nach. Ob die mit uns tauschen würden? Der Mensch ist ja nie zufrieden mit dem, was er hat.

Dann kommt es, wie erwartet: Wächtersbach Ausfahrt steht auf Halt. Nun sagt er gar nichts mehr, unser Meister, er guckt uns noch nicht einmal an — doch wir können nichts dafür, eine freie Strecke wäre uns viel lieber.

Die Anfahrt Wächtersbach ist schwierig, denn der Bahnhof liegt in einer Kurve. Anschließend läßt ein kurzes Gefälle eine bessere Beschleunigung zu. Bis Salmünster-Bad Soden steigt die Strecke 1 : 138, dann kommt die Steinauer Rampe mit 1 : 119, 1 : 113 und 1 : 95 bis Schlüchtern, dem härtesten Stück der Strecke.

Der Regen ist stärker geworden, wir können den Kopf jetzt nicht mehr aus dem Führerhaus strecken, bleiben vielmehr schön unter dem Dach. Er kommt von Westen, also von hinten und sprüht ab und zu über den Kohlenberg des Tenders in unsere Behausung. Der Aufenthalt im Führerhaus ist nicht sehr gemütlich. Macht uns schon das Rütteln, Stoßen, Zucken zu schaffen, so drückt der Regen die Stimmung um ein weiteres. Der Lokführer sitzt auf seinem Schemel, griesgrämig und unzufrieden, hat trotz des Wetters den rechten Ellenbogen aus dem Fenster hängen und schaut abwechselnd nach draußen und nach drinnen durch das ovale Frontfenster. Und wartet und wartet daß sein Rößlein schneller werde — aber wie? Wir kommen von 45% Füllung nicht herunter, das ist zu viel, aber der Tacho scheint sich bei 50 als Höchstgebot festzulegen. Hinter Salmünster versucht es der Meister mit 48%, damit sind wir am Ende unserer Möglichkeiten. Jetzt heißt es nur abwarten, was die 01 182 tut.

Eine weiße Dampffahne zieht hinter unserem Zuge her, das feuchte Wetter läßt sie lange über dem Tal liegen. Die Strecke ist hier kurvenreich. Ein Krach auf der linken Seite schreckt uns auf, aber es ist nur ein Güterzug, der auf dem Gegengleis zu Tal rumpelt, und den wir wegen der Linkskurve nicht sehen konnten. Wenigstens die Signale zeigen grün, hier halten, das hätte gerade noch gefehlt.

Wir erreichen Steinau, die größte Steigung beginnt. Mit einer mächtigen Dampfwolke schnaufen wir durch den Bahnhof. Die Leute, die auf dem Bahnsteig stehen und den Frankfurter Personenzug erwarten, machen ehrfürchtige Gesichter ob des D 85. Doch da — am Stellwerk das Langsamfahrzeichen mit den obligaten Kreideziffern: 45!

Langsam fahren? Wir tun das doch schon die ganze Zeit. So unternimmt der Meister nichts dergleichen, mit einem bitterbösen Gesicht, das allen Fatalismus dieser Welt widerspiegelt, hockt er auf seinem Schemel; auch uns ist nicht mehr ganz wohl. Der Regen sorgt für zunehmendes Unbehagen.

Das Verhängnis, das Drama, das ein unsichtbarer Regisseur für uns inszeniert hat, nimmt seinen Lauf, Vorsignal Blockstelle Ohl zeigt Halt. Da wir mitten auf der Steigung 1 : 95 sind bedarf es noch keiner Bremsung, mit unseren 630 t kommen wir ohnehin in kürzester Zeit zum Stehen.

Schweigen auf der Maschine. Unsere Geschwindigkeit ist auf 30 km/h abgesunken, doch wir fahren noch mit Dampf. Vier Augen spähen nach dem Hauptsignal, das nach der Kurve sichtbar sein wird. Regendunst, fast wie Nebel, kriecht aus dem Wald hervor, die Gleise vor uns glänzen feucht, von irgendwoher tropft es, die Luft riecht nach einer Mischung von Kohlenruß und Moder.

Die Krümmung ist zu Ende, das Hauptsignal kommt in Sicht, der Flügel steht waagerecht — Halt!

Regler zu, Steuerung ausgelegt, ein Griff zum Führerbremsventil, Luft zischt auf, zwanzig Meter vor dem Signal hält der Zug.

Die Pumpen unserer Lok arbeiten, es hört sich wie Herzschlag an. Der Heizer hat den Bläser angestellt, reißt die Feuertür auf und schippt Kohle, wir brauchen Dampf, Dampf und nochmals Dampf, wenn wir unsere 630 t hier auf der Steigung wieder in Gang kriegen wollen.

Eine Minute verrinnt, nichts tut sich. Der Zugführer stolpert über den Schotter zum Fernsprecher. Die Antwort auf seine Frage scheint kurz zu sein. „Der 45er" ruft er uns zu, ehe er wieder im Zug verschwindet. Nun ist nichts wie das Summen unseres Kessels und das Rauschen der Bäume am Waldrand zu hören.

Der Signalflügel schwenkt in die Höhe. „Ausfahrt!" ruft der Heizer und „Joh" antwortet unser Meister. Wir sind nervös vor Spannung, wird es 01 182 schaffen? Der Reisende, der heute im bequemen Abteil eines Inter-City-Zugs die gleiche oder eine ähnliche Strecke befährt, kann sich nicht vorstellen, was sich zur Dampfzeit mitunter hier abgespielt hat, welche Leistungen den Lokmännern abverlangt wurden. Gewiß, wir wollen sie nicht glorifizieren, an sich waren das alles selbstverständliche Vorgänge, man möchte Routine dazu sagen. Aber der Unterschied zu heute ist dennoch gravierend. Der Führer einer E 110 oder E 103 schaltet einfach den Fahrschalter hoch, Schleuderschutzeinrichtungen und andere elektronische Regel-Mechanismen erleichtern ihm die Arbeit wesentlich. Gewiß hat auch eine E 110 ihre liebe Not, einen 630 t-Zug unter derart schlechten Bedingungen in Gang zu setzen. Aber sie ist ja nur ein großer Motor, während die Dampflok ein ganzes Kraftwerk darstellt. Das erforderte ganze Kerle, ohne die Leistung des heutigen Lokführers schmälern zu wollen.

Der Lokführer von 01 182 ist von seinem Schemel aufgestanden, ein kurzer

Pfiff, die Rechte löst des Bremsventil, greift zum Sandstreuhebel, die Linke drückt langsam den Reglerhebel nach links, Dampf rauscht auf, ein Zittern läuft durch den stählernen Koloß, man spürt förmlich, wie die Kupplungen jetzt zum Zerreißen angespannt werden. Doch dann ein Ruck — „tschuwuhwuhwuhwuhwuhwuhwuh — —!" brüllt es aus dem Schornstein, die Räder schleudern, drehen auf der Stelle durch, eine Riesendampf- und Rauchsäule fährt senkrecht zum Himmel. Mit einem Ruck hat der Führer den Regler eingezogen, die Maschine kommt zur Ruhe. Wie konnte das geschehen? Ist der Sand verklumpt, sind die Rohr verstopft, liegt es an der Glitschigkeit der Schienen? Die Gefahr, daß bei solchem wilden Schleudern die Stangen brechen, ist immer gegeben. Doch es hilft nichts, wir müssen den D 85 in Gang kriegen. Der Meister schaut prüfend nach außen, der Sand läuft ordnungsgemäß vor die Räder. Abermals Regler auf, diesmal noch behutsamer, abermals das große Zittern und Vibrieren, langsam, ganz langsam scheinen die Räder jetzt zu greifen.

„Wuff" — knallt der erste Auspuffstoß aus dem Schornstein — mit der Hand am Regler scheint der Meister förmlich in die Lok hineinkriechen zu wollen, er ist jetzt ganz Maschinist. Der Heizer lehnt weit aus dem Führerhaus und beobachtet das Triebwerk. „Wuff" — der nächste Schlag und nach endlosen Sekunden „wuff" — — der dritte. Dampf hüllt uns ein, der Regen schlägt ihn nieder, wir sehen kaum was vor uns liegt. Jetzt „wuffwuff —", die 01 wollte wieder schleudern, aber der Meister hat sofort reagiert, Regler zu und gleich wieder auf und Sand und nochmals Sand.

„Wuff — — — wuff — — — wuff — — —" so schleicht unsere 01 182 langsam voran, mit der ihr nur möglichen Anstrengung scheint sie sich gegen den Zughaken zu stemmen, trotzdem kommen wir nur im Fußgängertempo in Fahrt. Wie dramatisch muß sich dieses Schauspiel dem unbeteiligten Zuschauer darstellen. Freilich, an jenem Gründonnerstag 1938 stand betimmt niemand im Regen am Waldrand bei Block Ohl und schaute zu, wie sich der D 85 die Steigung hinaufquälte.

Wir sind am Signal vorüber, als der Meister die Steuerung zurücknehmen kann. Ein Glück, daß wir dank der Feuerungskunst unseres Heizers volle 15 atü Schieberkastendruck haben. Aber der Zeitverlust ist dennoch nicht wieder aufzuholen und an die Nerven der Lokmänner geht ein solches Abenteuer auch. Wer will schon die Blamage auf sich nehmen, auf der Strecke liegen zu bleiben?

Langsam kriechen wir die Steigung weiter hinauf, schwer pufft unsere brave 01 ihre dumpfen Schläge in den Wald hinein. Das Schlimmste scheint überstanden. Der Leser, der in den letzten Jahren noch einmal die berühmte „Schiefe Ebene" zwischen Neuenmarkt und Marktschorgast besucht hat und dort vielleicht 001 008 ohne Schiebelok zu Berg hat stampfen sehen, der kann sich in etwa vorstellen, wenn der D 85 die Steinauer Steige emporkraxelt, 630 t am Zughaken. Bahnhof Schlüchtern taucht auf, die Signale zeigen grün, offenbar hat es der D 45 vor uns besser geschafft. Mit der stolzen Geschwindigkeit von 40 Stundenkilometern ziehen wir durch den Bahnhof am Aufsichtsbeamten vorbei, der aus der Tür getreten ist. Am Bahnhofsgebäude bricht sich der Schall unseres Auspuffs verstärkt. Die Steigung beträgt jetzt nur noch 1 : 105, aber was machen die paar Meter schon an Unterschied aus? Wir wollen froh sein, wenn wir wenigstens nicht wieder liegen bleiben.

Nun kommt das böseste Stück — der Tunnel. Zwischen Schlüchtern und Flieden liegt Deutschlands zweitlängster Tunnel, der 3575 m lange Distelrasentunnel, bei dem wir uns auf allerlei gefaßt machen können. Denn er liegt in der Steigung, wir müssen mit Dampf hindurch, nur bei Talfahrt wird er rauchlos befahren. Unser Heizer legt noch einmal ordentlich auf, damit das Feuer bis zum Tunnelportal durchgebrannt ist und wir nicht mit Qualm einfahren müssen. Schon kommt die große Rechtskurve heran, die Straßenbrücke rückt langsam über uns hinweg, rechts verläßt uns der Abzweig nach Elm, schon sehen wir das Portal vor uns, nun noch ein paar Bahnhäuser, dann dreht sich der Führer nach uns um: „Obacht jetzt, nehmen Sie Ihr Taschentuch vor den Mund." Dann knallt er das Schiebefenster zu, ein Griff zur Dampfpfeife, das tiefe „Tschuhuuuuuth" brandet bereits in das Portal hinein, dichter Nebel umfängt uns, es sind wohl die Dampfreste vom D 45, der vor uns hindurch ist, aber solch ein Tunnel wird nie dampffrei. Nun beginnt ein Orkan, daß wir uns fast die Ohren zuhalten müssen. Es ist stockfinster, die Laternen der Lok dringen nur wenige Meter in die milchige Masse vor uns, die Auspuffschläge brechen sich hundertfach an den Wänden, sie sind nicht mehr zu unterscheiden, gehen vielmehr in ein einziges ununterbrochenes Toben und Dröhnen über. Die Luft wird dichter und dichter, zwar sind eine Reihe Entlüftungsschornsteine im Tunnel angebracht, aber die schwere Regenluft oben auf dem Berg bringt nicht den rechten Zug zuwege. Es hilft alles nichts, wir müssen hindurch. Meter um Meter donnert die Lok voran, schlechter und schlechter wird die Luft, das Atmen immer schwerer, es riecht nach Schwefel, nach Ruß, nach Waschküche. Wir, die wir das nicht gewohnt sind, pressen das Taschentuch vor Mund und Nase. Doch dann fehlt uns erst recht der Atem. Nimmt denn diese Hölle kein Ende? Drei Kilometer können zur Ewigkeit werden, wenn der Zug nur mit 40 Stundenkilometern durch den Tunnel stampft. Langsam gleitet von Zeit zu Zeit ein Licht an der Tunnelwand vorbei, viel zu langsam, um als Hoffnungsfünkchen zu gelten. So muß Dantes Hölle aussehen, wenn die armen Sünder hineingestoßen werden und alle Hoffnung fahren lassen. Die Atemnot macht uns ängstlich, wir möchten tief Luft holen und können doch nicht, dazu der entsetzliche Lärm, der unsere Trommelfelle zum Zerreißen anspannt. Unruhe packt uns — Luft— Luft — Luft —!

Schon meinen wir, dem Ersticken nahe zu sein, glauben, es nicht länger aushalten zu können, da spüren wir einen leisen Lufthauch, fahle Helle taucht vor uns auf, geblendet schließen wir die Augen. Die Dampfschwaden lösen sich auf, das helle Tageslicht ist um uns, wir sind noch einmal dem Orkus entronnen. Gottseidank! Unser Meister dreht sich um und — lacht über das ganze Gesicht. Das erste Mal, daß wir den griesgrämigen Mann das Gesicht verziehen sehen. Da merken wir auch schon den Grund, der Auspuff unserer Lok wird schneller und schneller, er geht in ein ununterbrochenes Röhren über, bald können wir nichts mehr unterscheiden, das Rattattattamm der Schienenstöße überschlägt sich fast, die Steigung ist geschafft, es geht das Gefälle hinab.

Nun kommt Leben in den D 85, die 01 182 stürmt zu Tal, als wolle sie alles Versäumte der letzten Stunden nachholen. 100 km/h zeigt der Tacho, als wir den Bahnhof Flieden durcheilen, dann geht es ins Tal der Fliede hinab, mit 120 rasen wir durch Neuhof, daß der Meister den Regler ganz schließt und wir allein mit der Schwere des Zuges dahinrollen. Es hat auch zu regnen aufgehört, der Landrücken, jener Gebirgsriegel, den wir im Schlüchterner Tunnel durchfahren haben, erweist sich einmal mehr als Wetterscheide. In Kerzell sogar ein schwacher Sonnenstrahl. Wir halten noch in Bronnzell die 120 — was mögen die Fahrgäste denken, daß wir es jetzt so eilig haben? Im Fuldatal drückt der Meister den Regler wieder ganz auf, die Steuerung ist jetzt auf 35% eingeklinkt. Aber der Heizer muß sich schon um den Dampf für die Anfahrt Fulda kümmern.

In Fulda endet unsere Fahrt. Langsam rollen wir an den Bahnsteig. Ei sieh da — auf dem Nachbargleis steht ebenfalls ein Schnellzug, der sich gerade in Bewegung setzt, als beide Lokomotiven Seite an Seite stehen.

„Ihr Blumekohlköpp'!“ ruft unser Meister den Männern der Erfurter 01 zu, die sich mit ihrem D 45 auf den Weg machen, „das kostet Euch 'ne Runde!“ Und die anderen können sich denken, weshalb, denn sie grinsen zu uns herüber.

Wir klettern von 01 182 herab, bedanken uns bei den beiden Lokmännern für die hochinteressante Fahrt und wünschen gute Weiterreise. Ein Blick auf die Bahnhofsuhr zeigt, daß wir fast 20 Minuten Verspätung haben. Die werden kaum einzuholen sein. Da geht auch schon der Flügel vom Ausfahrtssignal in die Höhe, der Abfahrtspfiff erklingt, langsam setzt sich der D 85 in Bewegung. Wir winken unseren beiden „Schwarzen“ nach, sehen selbst auch nicht mehr ganz sauber aus. Dann rollen die 14 Wagen an uns vorüber, eine lange, lange Reihe. Wir blicken ihnen nach, bis sie in der Ferne verschwunden sind. Nun, bis Bebra kann sich unser Meister weiterhin mit dem D 45 herumärgern, dann erst schwenkt dieser nach Eisenach ab. Auf der Cornberger Rampe wird 01 182 und ihren Männern nochmals das Letzte abverlangt, aber — wenn sie heute abend vom Zuge abkuppeln und in den Schuppen rollen, dann ist alles vergessen, dann interessiert vielmehr die Frage: „Was gibt's denn in der Kantine?“ Morgen geht es dieselbe Strecke zurück, aber morgen — ei was kümmert es die Lokmänner heute?

Letzte Entwicklung

Wir haben schon mancherlei über die beiden gefährlichen Gesellen gehört, die nach der Jahrhundertwende so mächtig aufgekommen sind und unserer guten Dampflok das Leben sauer gemacht haben: Elektrizität und Dieselmotor. Der Grund, warum beide sich so in den Vordergrund gespielt haben, ist einleuchtend. Technisch gesehen: Der Wirkungsgrad der Dampflok ist sehr schlecht, er liegt bei 8%, günstigenfalls bei 10%. Das heißt also: Allerhöchstens 10% der in dem zugeführten Brennstoff Kohle enthaltenen Energie werden in Zugleistung umgesetzt, alles andere pufft zum Schornstein hinaus oder geht beim Dampferzeugungsprozeß verloren. Eine einfache Rechnung. Der Wirkungsgrad der E-Lok ist besser, der Dieselmotor liegt noch höher. Zahlen von 25% kommen bei diesen Antriebsarten heraus. Höherer Wirkungsgrad bedeutet größere Wirtschaftlichkeit. Diese wiederum drückt sich in gespartem Gelde aus. Auch das ist eine einleuchtende Rechnung.

Doch die Dinge haben noch eine andere Seite. Als die Kohle billig, die Löhne für das Personal niedrig waren, da konnte der Schienenverkehr selbst mit den unwirtschaftlichsten Dampfloks noch rentabel betrieben werden. Diese Zeiten sind längst vorbei, die Kohlepreise haben eine Höhe erreicht, die selbst Elektrizitätswerke schaudern lassen. Von den Löhnen gar nicht zu reden. Gerade die Personalkosten fallen entscheidend ins Gewicht. Die Dampflok erfordert zwei Betreuer, Diesel- und Elektrolok geben sich mit einem Führer zufrieden. Nicht nur das, der Dampfbetrieb ist schmutzig, er zeigt unerfreuliche Begleiterscheinungen, Ruß, Dreck, platzraubende Vorratshaltung. Die Dampflok braucht viel Wartung, Kohlenbunker, Wasserkräne, Ausschlackgruben, Reparaturwerkstätten. Der halbe Bahnhof ist ja nur zuliebe der Dampflokomotiven da. Es gehört wenig Phantasie zu der Erkenntnis, daß schon vom Personaleinsatz her die Dampflok den modernen Traktionsanlagen unterlegen ist. Freilich, nachdem auch die Ölpreise ins uferlose zu klettern begannen, ist in den USA, deren Bahnen vorwiegend mit Dieselloks betrieben werden, die Frage aufgetaucht, ob man die Dampflok nicht zu früh abgeschafft habe. In dem Maße, wie das Öl teurer wird, in gleichem Umfang gewinnt der Dampf wieder an Wettbewerbsfähigkeit, wenn —, ja wenn er nicht überhaupt überholt wäre. Die Dampflok paßt einfach nicht mehr in unsere Zeit. Das ist zwar weder ein technischer noch ein wirtschaftlicher Grund. Aber die grobe, qualmende Dampfmaschine paßt nicht zu unseren chromblitzenden Straßenkreuzern, zu unseren Düsenflugzeugen, zu den Sputniks. In den USA ist die Dampflok verschwunden. Auch in Europa sind es nur noch wenige Exemplare, die das Ende einer Ära sichtbar verdeutlichen. Das führt zwangsläufig zu der Frage: Mußte es so sein, daß die Dampflok ins Hintertreffen geriet? Konnte nicht etwas getan werden, die Dampfkraft sozusagen modern zu gestalten? Hat man etwa versäumt, die Entwicklung voranzutreiben? Auf diese Fragen brauchen wir eine Antwort.

Nun, an Versuchen hat es wahrhaftig nicht gefehlt. Man hat alle möglichen Kesselkonstruktionen erfunden, man hat den Dampfdruck erhöht, aber letzten Endes nur feststellen müssen, daß es so, wie es bereits Stephenson gemacht hat, am besten ist. So sind denn immer wieder Lokomotiven altbewährter Konstruktion entstanden. Auch nach dem Zweiten Weltkrieg, als man noch einige Neubauten in Dienst stellte, blieb man bei dem alten Rezept.

Prüfen wir die Frage, welchen Stand die einzelnen Länder im Dampflokbau erreicht haben.

An der Spitze stehen die Vereinigten Staaten, wir erwähnten das schon, mit ihren Dampfgiganten. Die USA-Bahnen haben zweifellos an Leistung aus der Dampflok herausgeholt, was möglich war. Allerdings sind dort die Bahnverhältnisse günstiger, die USA-Bahnen sind nicht durch enge Vorschriften, wie die deutschen Umgrenzungslinien, behindert. Vor allem aber, sie haben stärkere Schienen, die ganz andere Drücke aushalten. Der Achsdruck der deutschen Dampflok, das Gewicht, mit welchem eine Achse auf die Schienen drückt, beträgt 15 bis 20 Tonnen, neuerdings bis 22 Tonnen, Gleiche Achsdrücke haben auch die anderen europäischen Bahnen. Die USA-Loks hingegen weisen bis zu 36 Tonnen Achsdruck auf, da läßt sich schon allerhand Leistung unterbringen. Allerdings sind diese Drücke das Äußerste, was im Eisenbahnbetrieb möglich ist. Hinter diesen Gewichten, die ihre Ursache in den gewaltigen Kesselabmessungen haben, steckt natürlich auch der gehörige Mumm. Unsere deutschen Dampfloks leisten, je nach Bauart, zwischen 1000 und 2500 PS. Die USA-Dampfloks weisen durchschnittlich zwischen 5000 und 7000 PS Leistung auf. Man stelle sich vor: 7000 PS! Das ist schon etwas, worauf man stolz sein kann. Größer geht es nicht, denn der baulichen Länge der Lok sind Grenzen gesetzt. Die großen Loks mit zwei Triebwerken, also in der Bauart Mallet, sind mit Tender bereits 35 Meter lang. Wir wollen es kurz machen: Die Dampflok herkömmlicher Bauart, also mit Stephenson-Kessel und Kolbenmaschine, ist in den USA hinsichtlich Größe und Leistung zur Grenze des Möglichen und Erreichbaren gebracht worden. Dabei sind alle technischen Erkenntnisse verwertet, Rollenlager in Achsen und Treibstangen, Verbrennungskammer im Kessel, Leichtbauweise, Rahmenschweißung usw. Eine Leistungssteigerung wäre also nur noch auf dem Wege über völlig neue Konstruktionen möglich.

Als Endstadium in der Entwicklung der amerikanischen Dampflokomotive gelten im allgemeinen die 27 Niagara-2'D2'- Schnellzuglokomotiven der New York Centralbahn, die 1945 erstmalig in Dienst gestellt wurden und als „ulti-

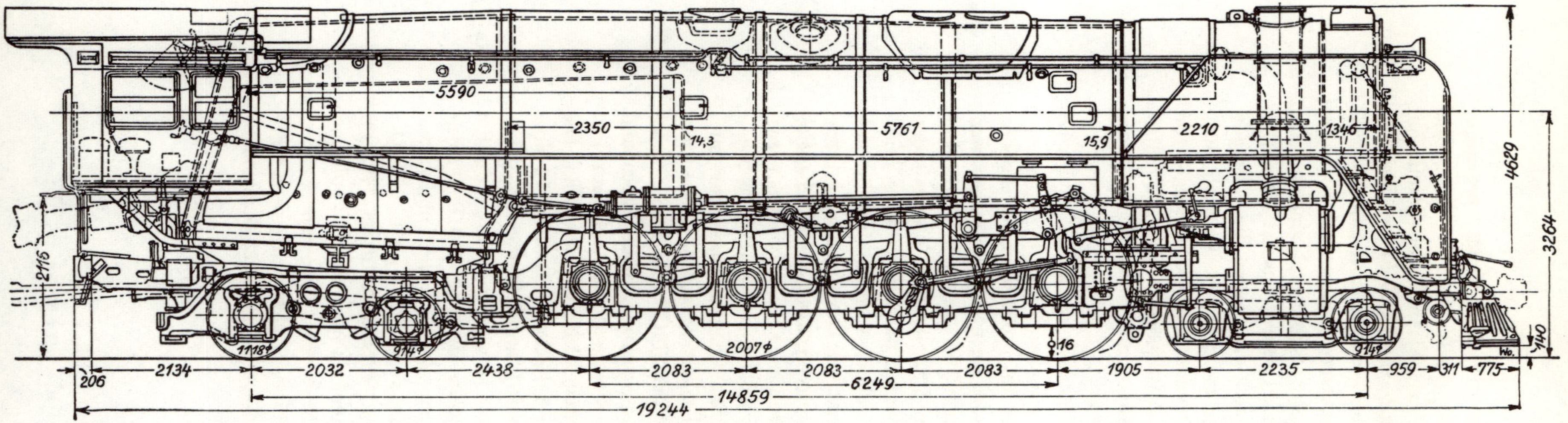

2'D2'-Schnellzuglokomotive, S-1 b, der New York Centralbahn. Gebaut 1945/46 von der Amerikanischen Lokomotivbau-Gesellschaft

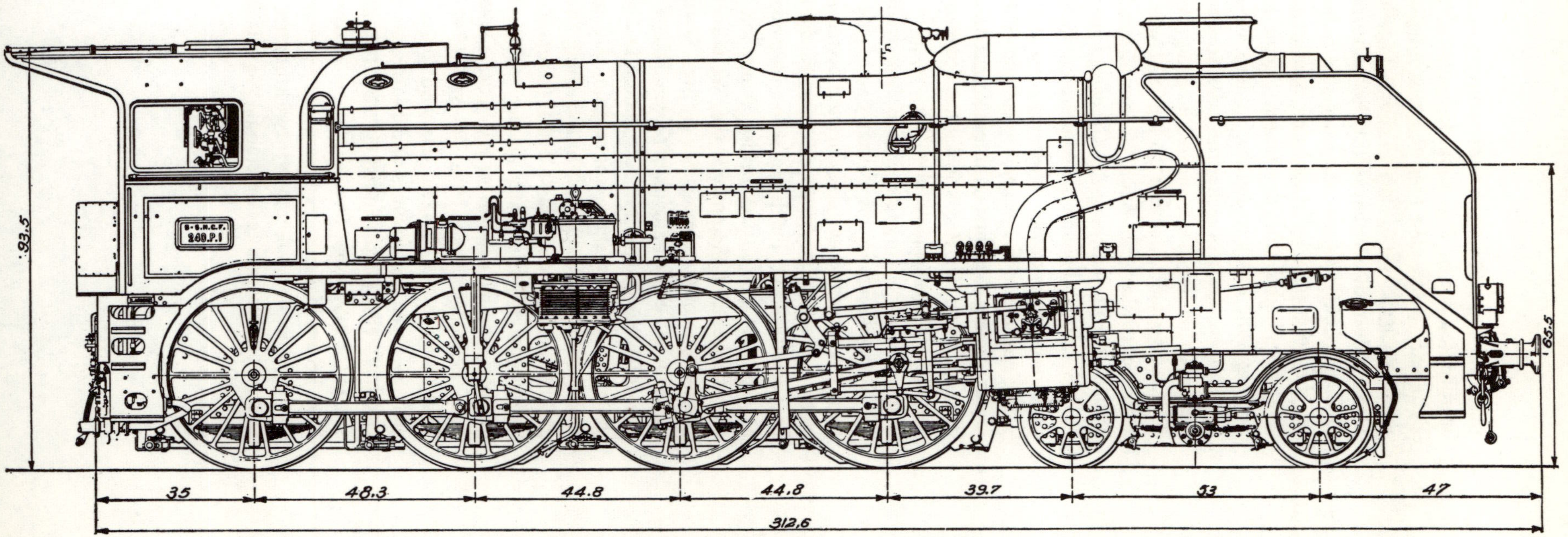

2'D h4v — Schnellzuglokomotive 240 P der Französischen Nationalbahnen, gebaut 1940—41 von den Bahnwerkstätten Tours.

mate perfection of the reciprocating steam locomotive in America“ bezeichnet werden (Skizze S. 79). Eine derartige „Niagara“ leistete fast 7000 PS in den Zylindern, besaß eine Höchstgeschwindigkeit bis zu 200 km/h und konnte mit ihrem riesigen achtachsigen Tender Tagesleistungen von 1100 km vollbringen. Dabei mögen die Niagaras nur die herausragenden Vertreter einer ganzen Reihe ähnlicher Loktypen sein, die bei vielen Bahnen in Dienst standen, denken wir nur an die schönen 2'D2'-Loks der Southern oder der Santa Fé-Eisenbahn. Die „Big Boys“ schließlich der Union Pacific haben an Leistung aus der Dampflok herausgeholt, was nur denkbar schien, wir erwähnten das bereits. Sie vollbrachten übrigens die größte Leistung des Schienenverkehrs überhaupt. Ein „Big Boy“ war noch in der Lage, einen Güterzug von 650 vierachsigen Güterwagen mit 27 000 t Gewicht, der fast 10 km lang war, nach Anschieben in Gang zu halten. Dabei entwickelte er 8200 PS am Zughaken. Mit dieser einmaligen Loktype schließt die Entwicklung der Güterzuglokomotive ab.

Daß mit Kolbendampflokomotiven Geschwindigkeiten bis zu 240 km/h erreicht werden konnten, berichteten wir an anderer Stelle.

Die europäischen Bahnen legten von jeher Wert auf große Wirtschaftlichkeit. Unter diesem Gesichtspunkt muß auch die deutsche Entwicklung gesehen werden, die durch den Bau von Einheitslokomotiven seit 1925 an große Traditionen anknüpfte. Deutschland blieb bei der auch in den USA üblichen Zweizylinder-Maschine und bevorzugte erst in den dreißiger Jahren das Dreizylinder-Triebwerk. Frankreich ist bis zuletzt das klassische Land der Vierzylinder-Verbundlokomotive geblieben, die dort zu bester konstruktiver Durchbildung gebracht werden konnte. Der berühmte französische Lokomotivingenieur André Chapelon hat bereits 1932 durch aufsehenerregende Umbauten älterer Loktypen aufgezeigt, was an Leistung in der Dampflok verborgen ist. Ihm war es vorbehalten, die besten Lokomotiven der Welt überhaupt zu schaffen, wobei wir unter „besten“ höchste Leistung bei größter Wirtschaftlichkeit verstehen. Es sind dies die 2'D h4v-Schnellzuglokomotiven Klasse 240 P der SNCF (Skizze S. 79) sowie der Einzelgänger 242 A 1, eine 2'D 2' h3v-Konstruktion. Beide Typen sind derart einmalig in ihrer Konzeption, daß man in ihnen mit Fug und Recht den Höhepunkt der Dampflok-Entwicklung in der alten Welt erblicken kann. Die 25 Lokomotiven der Klasse 240 P (Baujahr 1940—41) gelten samt ihren 12 Vorläufern der PO-Eisenbahn als die wirtschaftlichsten Dampflokomotiven, die es gegeben hat, sie nehmen es mit jeder Diesellok auf. Ein Beispiel aus der Fülle ihrer Leistungsbeweise. Am 31. Mai 1941 beförderte die Lok 240 P 5 einen Schnellzug von 17 Wagen, das sind 800 t Last, auf der 31,5 km langen Steigung zwischen Les Laumes und Blaisy mit Neigung von 1 : 188 bis 1 : 125. Die Lok hielt eine Geschwindigkeit von 107 km/h und entwickelte dabei 3190 PS am Tenderzughaken. Den Gipfel bei Blaisy durchlief sie noch mit 98 km/h und 3300 PS am Haken.

Gipfelpunkt der Lokomotiventwicklung ist die 242 A 1, gleichzeitig die größte Dampflok Europas. Sie entstand 1946 aus dem Umbau einer älteren Staatsbahnlokomotive. Sie war die einzige Lok Europas, die dauernd 4000 PS am Tenderzughaken enwickeln konnte. Bei 120 km/h und Zylinderfüllungen von 60 und 40% leistete sie noch 3800 PS. Interessant, daß an ihr das Dreizylinder-Verbundtriebwerk eine nie vermutete Bewährungsprobe ablegte. Die 242 A 1 (Bild 115) stellte selbst moderne Elloks in den Schatten. Am 21. Oktober 1948 befuhr sie vor einem Schnellzug von 16 Wagen gleich 748 t Last die gleiche, oben schon bei der 240 P 5 genannte Steigung. Sie vermochte den Zug aus einem Halt am Fuße der Rampe so zu beschleunigen, daß er einen Kilometer vor dem Gipfel noch 101,4 km schnell war entsprechend einer Leistung von 4250 PS am Haken. Wenn unsere Verkehrsexperten also die Dampflok abqualifizieren, dann zeigt das nur, von wie wenig Sachkenntnis sie getrübt sind.

Die englischen Bahnen schworen bis zuletzt auf Stephenson. England ist das Land der langen Zugläufe, die strahlenförmig von London aus in alle Landesteile gehen. Kein anderes Land hat Lokomotiven von so schönen glatten Formen, ganz im Gegensatz zu den deutschen Maschinen, die mit Rohrleitungen und anderen „Zutaten" äußerlich überladen scheinen.

Große Dampfloks besaß die Sowjetunion. Kein Wunder, sind doch die Bahnen dieses Landes mit denen der USA vergleichbar. Unsere Abbildungen geben wohl ein eindrucksvolles Bild von dem Stand wider, den die Dampflok im Laufe ihrer langen und bewegenden Geschichte in einzelnen Ländern erreicht hat.

Wollen wir nun noch betrachten, was man getan hat, die Dampflok über das von Stephenson überkommene Ideal hinaus zu vervollkommnen, sozusagen wettbewerbsfähig mit den Konkurrenten Diesel und Elektrizität zu machen.

Es hat nicht an Versuchen gefehlt. Man hat zuerst daran gedacht, die Kolbendampfmaschine durch die Dampfturbine zu ersetzen, so, wie man es vom Schiffsmaschinenbau her bereits kannte. Schweden hat diesen Weg erstmals beschritten. In Deutschland bauten Krupp 1923 und Maffei 1926 Loks mit Turbinenantrieb. Nun, sie liefen nach einer Reihe Kinderkrankheiten nicht schlecht. Der Wirkungsgrad war besser als bei der Kolbenmaschine. Kurz vor Kriegsausbruch hatte man genügend Erfahrungen gestammelt, um zwei neue Lokomotiven zu bauen mit größeren, stärkeren Turbinen. Die Firma Krupp erhielt den Auftrag und machte sich an die Arbeit.

Da fielen die Bomben, die Kruppschen Werksanlagen wurden zerstört und mit ihnen die beiden im Bau befindlichen Loks, welche die Baureihenbezeichnung 09 erhalten sollten.

Vorbei.

Auch im Ausland interessierte man sich für diese Antriebsart. Im Jahre 1944 stellte die Pennsylvania Eisenbahn eine Turbinenlok in Dienst, in puncto Größe natürlich wieder alles überragend, was bis dahin gebaut worden war. 264 Tonnen wog die Lok ohne Tender, sie leistete 6900 PS. Aber sie wurde zu einer Zeit gebaut, wo das Interesse am Dampf bereits nachließ und man sich anderen Antriebsarten zuwandte (Bild 87).

Also mit Turbinen war es nichts.

Nun, es müssen ja nicht unbedingt Turbinen sein. Man konnte ja einmal probieren, was passierte, wenn man den Dampfdruck im Kessel erhöhte. Das war ein relativ naheliegender Weg.

Gesagt, getan. Die Firma Henschel ging voran und rüstete eine alte Schnellzuglok, ganz genau gesagt die 17 206, mit einem Hochdruckkessel von 60 atü aus. Indes, die Sache ließ sich doch recht kompliziert an, es waren allerlei besondere Einrichtungen nötig, um diesen hohen Dampfdruck für den Lokbetrieb nutzbar zu machen. Die Maschine ist gefahren, sie zeigte sich äußerst sparsam im Kohlenverbrauch, ihr Wirkungsgrad war ausgezeichnet. Was sich aber nicht gezeigt hat, war die Brauchbarkeit der ganzen Anlage im rauhen Betrieb. Es gelang nicht, dem Kessel, den Rohrleitungen, den Zylindern eine Konstruktion zu geben, die auf die Dauer dem hohen Druck standgehalten hätte. Die Lok ist eine Reihe Jahre gefahren, bis man sich müde repariert hatte.

Die Firma Schwartzkopff hat noch einmal den Versuch mit einem Höchstdruckkessel nach einem Vorschlag von Professor Löffler gemacht. Diesmal handelte es sich um eine völlige Neukonstruktion, eine 2' C 1' S-Lok, welche die Betriebsnummer H 02 1001 erhalten hat. Ihr Kessel arbeitete mit 120 atü Dampfdruck, sie bot eine Fülle von Neuerungen, die zum Teil sehr gut gelungen waren. In der Gesamtheit allerdings erwies sich die Lok nicht brauchbar und mußte nach zweijährigen kostspieligen Versuchen wieder verschrottet werden. Mit Hochdruck war es also auch nichts.

Man kann den maßgebenden Männern der Deutschen Reichsbahn nicht vorwerfen, sie hätten Möglichkeiten unterlassen, die erfolgreiche neue Ergebnisse versprachen, wenn man auch mitunter am Ziel vorbeigeschossen ist. Leider hat der Zweite Weltkrieg mit seinen andersartigen Anforderungen die Entwicklung in Bahnen geleitet, die nicht vorauszusehen waren. Die deutschen Bahnen hatten seit 1925 einheitliche Lokomotivbauarten an Stelle der Vielfalt der Länderbahnen entwickelt, ein Weg, richtig zwar, aber wegen der gewählten Kesselkonstruktion mit Mängeln behaftet, die beim Bau der Großlokomotiven der Baureihen 45 und 06 in eine Sackgasse gerieten. Die im Ausland mit Erfolg erprobten Konstruktionsprinzipien wurden jedoch von den Lokomotivbauanstalten weiter erprobt. Noch zu Anfang des Krieges gab die DR Aufträge zum Entwurf von Dampflokomotiven für das erhoffte siegreiche Ende heraus, die das Bild des deutschen Lokomotivbaus wesentlich verändert haben würden. Hierhin gehören schließlich auch die Projekte für eine dritte Kriegslokomotive in Mallet-Bauart, bei welcher bisher nicht übliche Leistungen ausgeführt werden sollten. Der Krieg nahm jedoch eine Wende, die alle Pläne in die Schublade verbannte, zumal als das nackte Überleben für die deutschen Eisenbahner im Vordergrund stand.

Bei den Neubauten der deutschen Bahnen nach 1945 ging es in erster Linie um den Ersatz veralteter Lokgattungen und Verstärkung des noch betriebsfähigen Materials. In Gestalt der Baureihen 10, 23, 65, 66 und 82 stellte die DB brauchbare und wirtschaftliche Lokomotiven in Dienst, die den meisten Eisenbahnfreunden noch bekannt sind. Der sogenannte Strukturwandel verhinderte genau wie in den anderen europäischen Ländern die Weiterentwicklung. Auf solch schöne Leistungen, wie die Neubekesselung der BR 01, 01^{10}, 03^{10} und 18^{6} sei besonders hingewiesen. Die Lokomotiven haben dadurch erst nach Jahrzehnten die aus dem ursprünglichen Konzept erhoffte Leistungsfähigkeit erhalten. Bei der DR in Mitteldeutschland stellten die Umbauten der früheren Schnellfahrtenderlok 61 002 in eine normale Schlepptenderlok mit einer erreichten Höchstgeschwindigkeit von 180 km/h sowie die Umbauten der beiden Lokomotiven 19 015 und 19 022 Höhepunkte dar, die aber zugleich die Geschichte der deutschen Lokomotiventwicklung beenden (Bild 154).

Es gab noch eine Antriebsart, die hatten England und Frankreich schon einmal ausprobiert. Es war der Ersatz der Kolbenmaschine durch einen Einzelachsenantrieb wie bei der elektrischen Lok. Sagen wir es auf gut deutsch: Ersatz der Dampfmaschine durch den Dampfmotor.

Das war völliges Neuland. Der Versuch in Frankreich war tastend gewesen, hatte aber gezeigt, daß eine derartige Konstruktion möglich war. Und nicht nur, daß sie möglich war, nein, sie bot auch Vorteile, die nicht von der Hand zu weisen waren. Insbesondere für schnellaufende Maschinen fast vollständigen Massenausgleich, geringes Gewicht der ungefederten Bauteile, Schonung des Oberbaus, günstige Dampfverbrauchswerte durch kleine, schnellaufende Kolbenmaschinen und nicht zuletzt leichte Wartung, Zugänglichkeit und Reparaturmöglichkeit, wie wir es vom Kraftwagen her gewöhnt sind.

Es ist ein besonderes Verdienst der Kasseler Ingenieure Roosen und Barske, trotz der unvollkommenen Erfahrungen, die vorlagen, mutig den Schritt ins Neuland gewagt zu haben. Diese mutige Pioniertat kann nicht hoch genug bewertet werden, um so mehr, als sie in unsere Tage gefallen ist, Tage, in denen man Erfindungen auf dem Gebiet der Dampflok nicht mehr erwartet.

Aber der Bau dieser Lok, 1941, mitten in schweren Kriegsjahren wurde sie bei der Firma Henschel fertiggestellt, enthüllt auch die ganze Tragik der Idee: Sie kam zu spät. Es geht manchmal kurios zu in der Technik. Erst fehlen die Voraussetzungen, um einen neuen Weg einschlagen zu können. Und wenn man endlich so weit fortgeschritten ist, da lohnt es sich nicht mehr, die Zeit ist über die Erfindung hinweggeschritten. Und doch, wäre der Krieg nicht gewesen, vielleicht hätte der Einzelachsantrieb vermocht, unserer Dampflok zu einer Wiedergeburt auf ganz bestimmten Gebieten zu verhelfen. Es waren alle Ansätze dazu vorhanden. Es bleibt der Phantasie jedes einzelnen überlassen, was der Einzelachsantrieb in Verbindung etwa mit neuen Kesselbauarten und Ölfeuerung an Möglichkeiten geboten haben würde.

Nun, die Lok unterschied sich äußerlich nicht wesentlich von ihren Schwestern. Sie besaß einen Regelkessel der Reihe 44, war mit einer Stromlinienverkleidung versehen wie ihre Kolleginnen von den Baureihen 01^{10} und 03^{10}. Anders war das Triebwerk. Jede Treibachse besaß einen zweizylindrigen Dampfmotor, immer abwechselnd links und rechts. Die Zylinder der Motoren waren in V-Form angeordnet und wirkten auf einen gemeinsamen Kurbelzapfen (Bild 89).

Nun, wir wollen uns nicht in technische Einzelheiten verlieren. Die Lok wurde in Dienst gestellt und hat, von einzelnen Kinderkrankheiten abgesehen, die in sie gesetzten Erwartungen erfüllt. Der Krieg verhinderte allerdings eingehende Untersuchungen und die Beseitigung der noch vorhandenen Mängel oder, besser gesagt, die Verwertung der gewonnenen Erkenntnisse. Die Lok stand im Schnellzugsdienst und fuhr teilweise Lasten von 650 Tonnen Gewicht. Auch ein Schnellfahrversuch wurde mit ihr unternommen. Sie erreichte 180 Kilometer je Stunde bei vollendeter Laufruhe.

So tragisch wie ihr Bau in schwerster Zeit, wie ihre unvollkommene Erprobung, so tragisch ist ihr Ende. Im Jahre 1943 wurde sie dem Bahnbetriebswerk Altona zugeteilt. Anfang 1944 konnte sie nach Beschädigung durch Bombensplitter wieder instandgesetzt werden. Ein erneuter Bombentreffer im August 1944 war so schwer, daß sie abgestellt werden mußte. Die Amerikaner fanden sie bei ihrem Einmarsch in der Nähe von Göttingen stehen. Sie ließen sie bei der Firma Henschel wieder herrichten und brachten sie nach den USA. Dort wurde sie in mehreren Ausstellungen gezeigt, im Zugdienst aber nicht eingesetzt. Die letzte Nachricht haben wir aus dem Jahr 1951. Damals ist sie, ihrer Verkleidung beraubt, auf einem Abstellgleis bei Fort Eustis, Virginia, gesehen worden. Seit dieser Zeit verliert sich ihre Spur, sie soll um 1952 herum verschrottet worden sein.

Das ist das tragische Ende der deutschen Dampflok, welche die letzte und höchste Entwicklungsstufe seit Stephensons Tagen aufweist, eine Entwicklungsstufe, die zukunftweisend hätte sein können, wenn nicht inzwischen das große Dampfloksterben angebrochen wäre und der unselige Krieg einen großen und endgültigen Schlußstrich unter jede weitere Entwicklung gezogen hätte.

Lebewohl Dampflok

Im Jahre 1960 wiesen wir erstmals auf den bevorstehenden Abschied von der Dampflokomotive hin. Damals übergaben wir den Vorläufer dieses Buches unter dem Titel „Geliebte Dampflok“ der Öffentlichkeit, ein Buch, das viel Zustimmung fand und sogar in japanischer Ausgabe erschienen ist. Eben dadurch, daß wir von Trennung sprachen, vermochten wir viele Freunde auf das Dahinscheiden der Dampftraktion aufmerksam zu machen. In jenen Jahren gab es noch eine ganze Reihe alter Länderbahn-Dampfrösser zu beobachten, da fuhren noch die letzten württembergischen und badischen Tenderlokomotiven im süddeutschen Raum umher, es gab noch serienweise preußische Personen-, Güterzug- und Tendermaschinen, und an das Ausscheiden der Einheitsloks wagte niemand so recht zu glauben, hatte doch ein großer Teil soeben neue Kessel bekommen und eine Verjüngungskur erlebt, die noch auf viele Betriebsjahre hoffen ließ. Kaum zu glauben, daß auf den Gleisen der Deutschen Reichsbahn in der DDR noch der größte Teil der ehemals sächsischen Lokomotiven in Betrieb stand, daß vor den Berliner Schnellzügen noch die schönen Dresdener XVIII H-Schnellzuglokomotiven, BR 18^0dampften, daß man von der Rekonstruktion der berühmten XX HV-Lokomotiven sprach, von denen dann lediglich zwei Stück modernisiert wurden.

Im Schlußkapitel dieses Buches unternahmenn wir mit dem Leser zusammen einen Rundgang durch ein Bahnbetriebswerk, besuchten einen Lokschuppen in seiner Düsternis mit den säuselnden, summenden Lokomotiven. Damals konnten wir auf diese und jene Besonderheit aufmerksam machen, auf die von der AEG gebauten 01-Lokomotiven, auf die schleuderfreudige und doch beliebte 03, auf die zuverlässige 50er und die kleine 64er, auf so manche Schnurre aus dem Lokomotivführerleben und dem Umgang mit den schwarzen Schönheiten. Was wir damals schrieben, haben viele unserer Leser ähnlich empfunden und vielleicht sollten wir für die Jüngeren wiederholen, in welch hohem Maße die Dampflok beeindruckt hat:

Hat man nicht das Gefühl, als seien diese stählernen Riesen lebende Wesen? Seltsam . Daran mag es liegen, daß der Mensch zu den Dampfloks so ein besonderes Verhältnis gefunden hat. Sie strahlen Leben aus. Leben, wie keine andere Maschine, die es gibt. Sie atmen, leise, laut, sie stöhnen bei großer Anstrengung. Man merkt, wie sie zittern unter der Last des anhängenden Zuges, wie sie mit letzten Kräften auf der Steigung keuchen, wie sie dann triumphieren, wenn der

Gipfel überschritten ist, wie der Auspuff schneller und schneller, jubelnder, befreiender wird. Sie leben, die schwarzen Dinger, die der Mensch selbst geschaffen hat. Und wie schnell der Herzschlag geht, wenn sie zum Stehen gekommen sind: Tamm tahh — tamm tahh — tamm tahh, ganz schnell. Und dann beruhigen sie sich, der Herzschlag wird langsamer, ein klackendes tamm —, dann summt und zischt es nur noch, aus dem Sicherheitsventil kräuselt ein weißes Fähnchen und zeigt die ungeheure, gebändigte Kraft an.

Es gehorcht willig dem Menschen, das Ungeheuer. Wenn er den Regler nach links schiebt, dann wird es lebendig, dann erwacht es aus seinem Schlaf. Der Mann, der den Regler packt, hat eine harte Faust. Der Regler ist fester Stahl! Da muß auch die Faust stählern sein. Sie ist immer ein wenig dunkel gefärbt, vom Öl, vom Schmutz. Denn wo sie hinpackt auf dem Führerstand, da sitzen Ölspritzer, da hat sich Ruß und Kohlenstaub festgebacken. Wohl ist es eine harte Faust, die das Eisentier regiert, aber es ist nicht schwer zu beherrschen, es ist willig.

Weiß man noch, daß viele Lokführer ihre Lok geliebt haben? Daß es ein besonderes Verhältnis zwischen ihm und ihr gibt? Es hat Lokführer gegeben, die haben sich von ihrer Lok nicht trennen können. Wenn die Lok versetzt wurde, sind sie mitgegangen und bei ihr geblieben. Eine Bahn hat einmal eine Lok an ein Industriewerk verkauft. Da ist der Lokführer ebenfalls um seinen Abschied eingekommen und ist mit ihr zum Industriewerk gegangen. Es sind auch nicht nur die rassigen Schnellzugloks, die der Lokführer in sein Herz geschlossen hat. ich habe mal einen Lokführer gekannt, der war als kleiner Junge schon von der Eisenbahn begeistert. Er ist sogar auf das Gymnasium gegangen. Aber als er fertig war, da ließ er alle Weisheit sausen und wurde Lokführer, ein guter Lokführer. Weil er so tüchtig war, wollte man ihm eine Schnellzuglok geben. Er fuhr bis dahin nur immer 41er, die flinke Güterzuglok.

Nein, hat er gesagt, fahrt Schnellzug, soviel ihr wollt. Mir ist meine 41er zehnmal lieber. Dabei blieb er, bis er pensioniert wurde.

So schrieben wir 1960, dieser oder jener mehr modern eingestellte Eisenbahnfreund mag das Gesagte als sentimental empfinden ohne zu wissen, daß man das ganze Eisenbahn-Jahrhundert über die Dinge so gesehen hat, als die Menschheit noch nicht die dem Zweiten Weltkrieg folgende große Ernüchterung und Versachlichung durchlebt hatte, als noch nicht Fernsehen, Sex und der „american way of life“ das Heil der Welt bedeuteten. So ist auch das Verhältnis des Eisenbahners zu seiner Lokomotive gänzlich verändert, es ist unpersönlich, die Lok ist zum „job“ geworden, sie ist ein Gerät wie andere, wie eine Hobelbank oder ein elektrisch betriebenes Garagentor. Insofern hat sich mit dem Wechsel der Maschine auch eine Änderung in der Mentalität ihrer Betreuer vollzogen.

Eben wegen der persönlichen Bindung an die Maschine fanden die Eisenbahner von jeher manch treffende Bezeichnung für ihre Dampfrösser.

Was hat es nicht schon alles für Spitznamen gegeben: Krokodil und Bulle, Kuckuck und Kurzschwanz, Plätteisen, Salondampfer und Böse Sieben.

Weil wir gerade von Spitznamen reden. Früher besaßen die Loks alle Namen, so wie man den Schiffen Namen gibt. In Deutschland liegt diese Zeit schon lange zurück. Aber mit dem Namen fing es an. Wir haben schon einiges darüber gehört, damals in England, „Rocket“, „Puffing Billy“, „Novelty“ und wie sie hießen. Auch aus Deutschland kennt jeder einen Namen. „Der Adler“, die Lok der ersten deutschen Eisenbahn. In diesen Loknamen drückt sich so richtig aus, welchen ungeheuren Eindruck der Dampfwagen damals auf die Menschen gemacht hat. Da gab es den „Blitz“ und die „Windsbraut“, den „Pfeil“, den „Comet“, da gab es „Sturm“, „Löwe, „Greif“, „Vulcan“, „Meteor“, „Phönix“ und wie sie alle hießen. Die Namen wiederholen sich auf den einzelnen Bahnen. Fast jede Verwaltung hatte ihren Cometen und ihren Adler.

Später, als dann mehr Bahnen gebaut wurden, als es mehr Lokomotiven gab, da wurden andere Namen herangezogen, Städte, Berge, Flüsse oder berühmte Männer. Da gab es dann eine „Teutonia“, eine „Alemannia“, eine „Concordia“, (man hört förmlich die späte Romantik heraus), gab es die „Donau“, den „Neckar“, den „Rhein“, die „Ruhr“, dann gesellte sich die „Stuttgart“ dazu oder die „Frankfurt“, die „Düsseldorf“ und die „Hamburg“. Als immer mehr Lokomotiven gebaut wurden, da mußte schließlich alles herhalten, was irgendwie zum Namen geeignet war, das klassische Altertum, die germanische Vorzeit, die Tierwelt und die Bergwelt, berühmte Wissenschaftler, Dichter, Maler, Musiker, kurzum alles, was nur irgendwie angängig war. Es gab den „König Ludwig“ und die „Königin Marie“, den „Carolus Magnus“ und „Karl der Große“, „Wittekind“, und „Albrecht der Bär“, den „Elefant“ und die „Giraffe“, die „Stephenson“ und die „Trevithick“, die „Scharrer“ und die „Denis“, die „Leibniz“, „Humboldt“, „Sickingen“, „Lessing“, „Schiller“, „Kant“, „Herder“, „Beethoven“, „Mozart“, „Haydn“, aber auch „Siegfried“, „Kriemhild“, „Attila“ und „Alberich“, „Medusa“, „Atlas“, „Styx“ und „Hades“, „Semmering“, „Gotthard“, „Splügen“ und „Simplon“ pfiffen und schnauften lustig durch die deutschen Lande. Namen über Namen. Bücher würden voll werden, wollte man sie alle einmal zusammenstellen.

Oft war die Sache recht lustig, wenn zum Beispiel ein ganz kleines Kleinbahnlokomotivchen ausgerechnet „Leviathan“ hieß. Oder wenn „Goethe“ und „Beethoven“ sich als Rangierloks nützlich machten. Manchmal haben es die Namensgeber in ihrer Verlegenheit nicht so genau genommen. Sie waren aber auch wirklich mitunter in Bedrängnis. Nur so ist es zu erklären, daß es auf dem Schienenstrang schließlich auch eine „Blende“, „Schacht“, „Wetter“, „Hunt“ gab, eine „Kohle“, eine „Magnet“, eine „Marmor“, „Opal“, „Beryll“, „Bronzit“ und noch viele andere.

Unvorstellbar, daß es auch eine Lokomotive gegeben hat, die den Namen „Himmelfahrt“ trug.

Jawohl! Die Lok Nummer 254 der Sächsischen östlichen Staatsbahn!

Heute sind die Namen verschwunden. Unsere Lok ist unpersönlich geworden, sie hat eine Nummer.

Lustig, welche Strafverfügung der Lokführer Heinrich Müller einmal vom Maschinenamt bekommen hat:

„Der Lokführer Müller und der Heizer Schulze sind mit je 3,— DM Strafe zu belegen, weil sie während einer größeren Rangierpause auf dem Bahnhof Bierstedt mit dem Regulatorhebel unter dem Arm die Lokomotive verlassen haben und in der Bahnhofswirtschaft sich dem Genuß geistiger Getränke hingegeben haben."

Oder soll ich erzählen, was im Feuilleton des „Berliner Tageblattes" vom 16. Juli 1914 zu lesen war?

„Die Lokomotivpfiffe, die die Kleinbahnlokomotive bei ihrer Abfahrt gellend hervorstößt, machen einen fast großsprecherischen Eindruck und haben vielleicht nur den Zweck, den Unterschied zwischen Stillstand und Bewegung, der für das Auge nicht bemerkbar ist, wenigstens für das Ohr zu betonen."

Seit die Eisenbahn zu einem Verkehrsmittel „unter anderen" geworden ist, schwindet das Interesse an ihr mehr und mehr. Geblieben ist die Erinnerung. Auch hier haben sich die Geister geschieden. Die ganz Alten — es werden ihrer immer weniger — hängen in ihren Träumen noch an den Zeiten, da die Lokomotiven preußische, bayerische oder badische Betriebsnummern trugen, als die „Preußen" noch einen roten Kringel um den Schornstein besaßen und man zu Zeiten der preußisch-hessischen Eisenbahngemeinschaft witzelte, was über dem Kringel läge, gehörte den Hessen. Dabei wies der rote Ring lediglich auf das Vorhandensein einer Marcottyschen Rauchverbrennungsanlage hin. Die Alten hielten nicht viel von den Einheitslokomotiven, sie trauerten unterschwellig der P 4 oder S 10 nach, sie konnten an den neuen Nummern keinen Gefallen finden, schwelgten vielmehr in der Erinnerung an die S 6 oder S 9, die T 3 oder T 12, die ADh oder IV e, die S 2/5 oder D XII. Nun, wer die stolze S 6 noch vor dem Schnellzug nach Posen oder Breslau erlebt hat, dem konnte die neue 01 nicht viel bieten.

Die mittlere Generation hingegen hat nur noch die Reste der Länderbahnen kennen gelernt, das was bei der großen Ausmusterungswelle Anfang der zwanziger Jahre Gnade vor den Experten fand. Sie ist mit den Reichsbahn-Nummern aufgewachsen, spricht von der 01 oder 03, unterscheidet die 24er von der 39er, die 64er von der 78. Ihre Höhepunkte der Erinnerung liegen um 1935, als die deutschen Bahnen ihr hundertjähriges Bestehen feierten, als die 05-Lokomotiven an die Öffentlichkeit traten und man glücklich war, einen dieser Renner zu Gesicht zu bekommen. Damals galt der „Rheingold" als das Non-plus-ultra der deutschen Bahnen und die bayerischen Maschinen der Baureihe 18 wurden als exklusive Stars des Schienenstranges bewundert. Doch auf dieser Generation liegt auch die Last des Krieges, in diese Ära gehören die Kriegslokomotiven und das, was unter der Bezeichnung Beuteloks seinerzeit kurze Zeit Dienst versah und lange Zeit verrottete.

Wieder anders die Relationen, in denen die junge Generation von Eisenbahnfreunden zu Hause ist. Sie weiß nichts mehr weder von der preußischen S 10^1

noch von ihrer DR-Nummer 17^{10}, das berühmte Kürzel S 3/6 sagt ihr nur noch wenig. Aber die 001 stellt für sie den Gipfel der Dampftraktion dar, und ihre Betriebsnummernaufschreibung bewegt sich zwischen 050, 051, 052 und 053. Sollen wir sie wegen ihrer erzwungenen Bescheidenheit bedauern? Oder verhilft ihr gerade diese Beschränkung auf die wenigen noch fahrenden Dampfloks zu einer viel größeren Intensität der Beobachtung, wobei ihre geringe Zahl und die Seltenheit ihres Einsatzes ohnehin jede Fahrt zu einem Erlebnis macht. Ein Ereignis ist es aber, wenn wir noch einmal Gelegenheit bekommen, eine 050 vor einem Güterzug dahindampfen zu sehen oder eine der letzten 011 oder 012 vor dem Eilzug in voller Fahrt anzutreffen.

Geblieben sind allen drei Generationen die Lokomotiven, die vorausschauende Hand oder Initiative tatkräftiger Männer vor dem Verschrotten bewahrt und für ein künftiges Lokomotivmuseum sichergestellt hat. Das gilt nicht nur für Deutschland, genau so für unsere Nachbarn, denn die Dampftraktion ist weltweit zu einem Monument der technischen Entwicklung aufgerückt.

Diese Museumslokomotiven sorgen dafür, daß die alte Technik nicht ganz vergessen wird, zumindest ihre jungen Freunde können sie noch Jahre später besuchen. Doch hat die Dampflokomotive Freunde? Ist sie tatsächlich geliebt worden?

Das Nein, mit welchem kritischer Sinn diese Frage beantwortet, wird manchem Enthusiasten weh tun, der einen ganzen Urlaub daran wendet, eine Dampflok in Aktion zu treffen. Man hat sie bewundert und wohl auch gefürchtet, sie hat der Welt imponiert, aber geliebt? Geliebt haben sie nur wenige, im Zeichen der Nostalgiewelle vielleicht mehr als zu ihren Glanzzeiten. Nüchterner, am sogenannten Fortschritt orientierter Sinn wird sich sowieso nicht mit schmutzigen Schienengiganten beschäftigen, so wenig wie er sich für die Entwicklung des Autos oder für alte Schiffsriesen der Jahrhundertwende interessiert. Technik bleibt ungeliebt — es sei denn, sie rückt zum Statussymbol auf wie das Auto. Dann allerdings fällt der Zeitgenosse in das andere Extrem, das Auto genießt göttliche Verehrung und die Wagenwäsche am Samstag rückt zur Ersatzhandlung für den Gang zum Altar auf.

So mögen die Schlußworte aus unserem ersten Gedenkbuch für die Dampflokomotive diese Neubearbeitung beschließen:

Wir sollten dem Schicksal dankbar sein, daß es uns noch Gelegenheit gegeben hat, eine aus einer vergangenen Zeit übriggebliebene Kraftmaschine kennenzulernen.

Es ist aber ein Unterschied: Elektrolok, Diesellok sind tote Materie, Schalthebel-, Druckknopfmaschinen.

Was waren doch dagegen unsere schwarzen, rußigen Schönheiten, unsere ächzenden, keuchenden, klagenden, seufzenden, spuckenden, schwitzenden, würgenden, jammernden, prustenden, zischenden, jubelnden Dampfloks für Wesen!

Ein berühmter Techniker, ein Mann, dem man keine Sentimentalität zutraut, hat einmal gesagt:

Die Dampflokomotive ist die gewaltigste Maschine, die der Mensch je erdacht hat.

Ich habe in einem süddeutschen Bw einen älteren Lokführer gekannt. Wie ich hörte, war er lange Jahre auf einer S 3/5 gefahren, das ist die ältere bayrische Schnellzuglok gewesen, die mit den 17er Nummern. Seit Ende der zwanziger Jahre hat er dann nur S 3/6 gefahren, die Königin der Dampfloks. Die letzte übernahm er während des Krieges und blieb auf ihr bis Anfang der fünfziger Jahre, bis er selbst schon weit über 60 Jahre alt geworden war. Als die Lok nun zur Grundüberholung anstand, da meinte man, die Ausbesserung lohne nicht mehr. Es war in den Jahren, als alle alten S 3/6 ausgemustert wurden. Auch über die Maschine meines Freundes wurde das Todesurteil gesprochen.

Ich weiß es noch wie heute. Die Lok stand monatelang auf einem Abstellgleis, bis der Tag herankam, an welchem sie nach Ingolstadt auf den Lokfriedhof gebracht werden sollte. Der Rangierbock war schon herangedampft, hatte die Lok angehängt und wartete nun, bis das Gleissperrsignal Ausfahrt freigab. Da sehe ich, wie der alte Lokführer neben seiner Lok steht. Es war eine von den „Hochbeinigen", wie der Eisenbahner die Bauart 1912 mit 2 Meter Treibraddurchmesser nennt. Langsam ging er um sie herum, fühlte, wie er es so oft getan, mit dem Handrücken an den Stangenlagern, klopfte mit dem Knöchel an der Führerhauswand, blieb dann vor dem Triebwerk stehen, als suche er etwas. Schließlich ging er zum Zylinder und strich mit der behaarten, schweren, runzligen Hand sachte über das Zylinderblech, ganz sacht und behutsam, so, wie man ein liebgewordenes Tier oder ein Kind streichelt. Als dann der Rangierbock mit gellendem Pfiff schnaubend und dampfend anzog, als die S 3/6 zum letzten Male ihre mächtigen Glieder regte und in ihrer ganzen stolzen Lokomotivschönheit an uns vorbeirollte, da schaute der alte Mann dem Transport lange nach, selbst als von beiden nichts mehr zu sehen war.

Im Vorübergehen sah ich, daß seine Augen voller Tränen standen. —

Lebewohl Dampflok — — —

Anhang

Die Bezeichnung der Dampflokomotiven

A. *Bauartbezeichnung*

Lokomotiven werden nach ihrer Achsfolge bezeichnet. Dabei kennzeichnet man Laufachsen (Achsen ohne Treibstangen) mit arabischen Ziffern, Treibachsen durch große Buchstaben. Achsen, die beweglich im Hauptrahmen gelagert sind, erhalten das Zeichen '. Eine angetriebene Achse wird also mit A bezeichnet, zwei gekuppelte mit B usw. Eine Lok, die vorn zwei Laufachsen, dann drei Treibachsen und unter dem Führerhaus noch eine Laufachse hat, heißt also 2'C 1', wobei im vorliegenden Falle die Laufachsen beweglich gelagert sind.

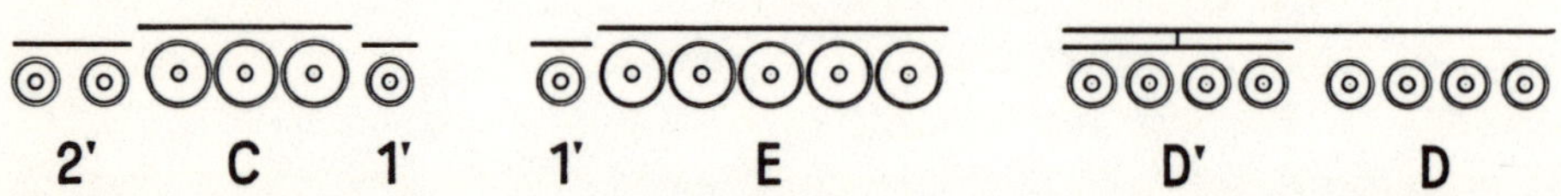

Die Bauartbezeichnung wird ergänzt durch die Buchstaben h für Heißdampflok (die mit einem Dampfüberhitzer ausgerüstet sind) und n für Naßdampflok. Diesen Buchstaben wird die Zylinderzahl beigefügt, bei Verbundmaschinen außerdem noch ein v. Schließlich nennt man dann noch den Verwendungszweck mittels eines Buchstabens. Es bedeuten:

S = Schnellzuglok
P = Personenzuglok
G = Güterzuglok
St = Schnellzugtenderlok
Pt = Personenzugtenderlok
Gt = Güterzugtenderlok
L = Lokalbahnlok
Z = Zahnradlok
K = Kleinlok (für Schmalspurbahnen)

Die Zuordnung der Lok zu einer dieser Hauptgattungen richtet sich nach folgenden Merkmalen:

Hauptgattung	Höchstgeschwindigkeit km/h	Treibraddurchmesser mm
Güterzuglok	90	bis 1600
Personenzuglok	110	bis 1750
Schnellzuglok	mehr als 110	mehr als 1750

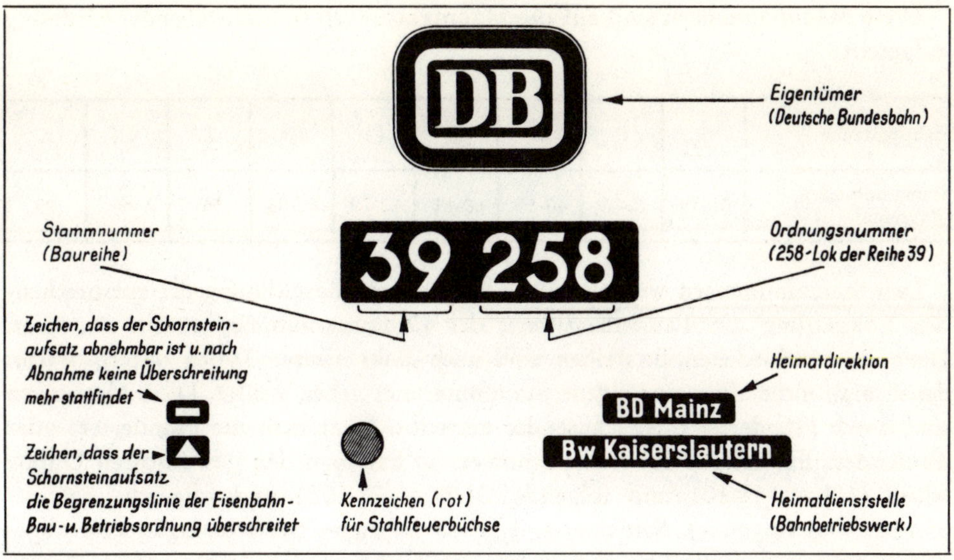

Anschriften am Führerhaus einer Dampflok der Bundesbahn

Loks, die ihre Vorräte nicht in einem besonderen Wagen (Tender) mit sich führen, sondern zu beiden Seiten des Kessels in Behältern tragen, heißen Tenderlok.

Die vollständige Bauartbezeichnung beispielsweise für eine Heißdampftenderlok könnte also lauten:

1'C 1' h2 Pt

Diese Bezeichnungsweise ist nicht bei allen Bahnen gebräuchlich. England, Frankreich, die USA und viele andere Länder verwenden Zahlen. Unsere 1'C 1'-Lok wird in Frankreich

1 — 3 — 1

gekennzeichnet. In England und den USA zählt man statt der Achsen die Räder. Die Lok heißt dann:

2 — 6 — 2

Daneben haben in den USA Loks gleicher Achsfolge Namen als Typenbezeichnung. Die 2'B 1'-Loks heißen Atlantik-Type, die 2'C 1'-Loks Pazifik-Type, die 2'C 2'-Loks Hudson-Type usw. Diese Namen werden auch in anderen Ländern häufig angewandt.

B. *Gattungsbezeichnung*

Deutsche Dampfloks tragen an der Führerhausseitenwand eine Betriebsnummer, die sich aus einer zweistelligen Stammnummer und, durch einen Zwischenraum getrennt, einer drei- oder vierstelligen Ordnungsnummer zusammensetzt.

Diese Stammnummern sind auf die Hauptgattungen in nachstehender Ordnung aufgeteilt:

Hauptgattung	S	P	G	St	Pt	Gt	Z	L	K
Stammnummern (Baureihe)	01-19	20-39	40-59	60-61	62-79	80-96	97	98	99

Den Stammnummern werden häufig zur näheren Bezeichnung der entsprechenden Lokgattung die Tausenderziffern der Ordnungsnummer erhöht zugefügt. Denn in verschiedenen Baureihen sind auch Loks älterer Typen untergebracht, denen man nicht allen eine eigene Stammnummer geben wollte. Diese Gattungen sind durch Hunderter oder Tausender getrennt. Setzt man die Hunderter- oder Tausenderziffer erhöht zur Sammnummer, so hat man den gewünschten Unterschied (18^1 = 18 101 und folgende, 01^{10} = 01 1001 und folgende, 55^{25} = 55 2501 und folgende). Seit dem 1. 1. 1968 ist dieses Bezeichnungssystem abgeändert worden, um die Lokomotivnummern auch von der elektronischen Datenverarbeitung erfaßbar zu machen. Sie bestehen seitdem aus zwei dreistelligen Zahlengruppen und — durch einen Strich getrennt — einer einzelnen Kontrollziffer. Die alte zweistellige Stammnummer hat man durch Voransetzen einer 0 auf 3 Stellen erweitert, vierstellige Ordnungsziffern hingegen auf 3 Stellen gekürzt. Die Lok mit der früheren Bezeichnung 03 088 hieß also nach der neuen Bezeichnungsweise 003 088—2. Wir haben jedoch in unserem Buch die alten Bezeichnungen beibehalten, weil nur noch wenige Lokgattungen auf die neuen Nummern umgezeichnet wurden (vgl. auch die Übersichten auf den Seiten 101 und 102).

Dampfloks, die noch vor oder während der Gründung der Deutschen Reichsbahn (1920) beschafft worden sind, also noch von den früheren Länderbahnen, werden vielfach nach dem alten Gattungszeichenn der Länderbahnverwaltung genannt. Die Herkunft wird dann in Abkürzung dazugesetzt. Es bedeutet:

pr = ehemals Preußisch-Hessische Staatsbahn
bay = ehemals Bayrische Staatsbahn
bad = ehemals Badische Staatsbahn
wü = ehemals Württembergische Staatsbahn
sä = ehemals Sächsische Staatsbahn
old = ehemals Oldenburgische Staatsbahn
me = ehemals Mecklenburgische Friedrich-Franz-Eisenbahn

Die alten Länderbahnloks besaßen Gattungszeichen, die sich teils aus Buchstaben, teils aus arabischen oder römischen Ziffern zusammensetzten. Da diese Loks alle im Aussterben begriffen sind, werden diese Bezeichnungen bald ganz verschwunden sein. Sie sind in der Übersicht über die deutschen Dampflokgattungen mit angegeben.

Die Gattungsbezeichnungen im Ausland werden unterschiedlich gehandhabt. Viele Länder verwenden Nummernreihen als Gattungszeichen, z. B. Belgien, Österreich und Italien. Eine sehr sinnvolle Bezeichnungsweise haben die französischen Staatsbahnen (SNCF). Dort ist die Achsfolge zugleich Gattungszeichen. Die 2'C 1'-Lok ist dort Gattung 231. Bauliche Unterschiede werden durch angehängte Großbuchstaben gekennzeichnet (231 A, 231 E usw.).

Die Schweizer Bundesbahnen verwenden noch eine recht altertümliche Bezeichnungsweise, an sich die erste, die mit Aufkommen der Eisenbahn entstanden ist. Das Gattungszeichen besteht aus einem Bruch, in welchem der Zähler die Zahl der gekuppelten Achsen und der Nenner die Gesamtachszahl angibt. (Diese Bezeichnungsweise war auch in Bayern und Bulgarien üblich). Die einzelnen Bauarten der Gattung werden je nach ihrer Geschwindigkeit durch Großbuchstaben unterschieden. Die tüchtige 2'C-Schnellzuglok der SBB hieß A $^{3}/_{5}$,

Die östlichen Länder gebrauchen unterschiedliche Bezeichnungen. Die Tschechoslowakei und Jugoslawien verwenden Bauartreihen, während die Polnische Staatsbahn Typenbezeichnungen aus großen und kleinen Buchstaben führt. Die UdSSR schließlich benutzt Namen, die abgekürzt die Gattungs- oder Typenbezeichnung abgeben (Klasse JS = Josef Stalin).

In den Vereinigten Staaten hat jede Bahn ihr eigenes Bezeichnungsschema. Allgemein werden Typenbezeichnungen aus Buchstaben und Zahlen gemischt verwandt. Vielfach, besonders bei den größeren Gesellschaften, ist eine Reihennumerierung üblich.

Früher, in den ersten Jahrzehnten der Eisenbahngeschichte, trug jede Lok einen Namen. Diese Namen sind jedoch seit der Jahrhundertwende auf den meisten Bahnen verschwunden und haben der Betriebsnummer Platz gemacht. Lediglich bei Bahnen mit ganz kleinem Lokbestand sowie in England findet sich noch manchmal der Name.

Gegenüberstellung der verschiedenen Bezeichnungsweisen

Deutsche Baureihe ab 1925	Deutsche Baureihe ab 1968	Alte deutsche Bezeichnung	Bezeichnungsweise der Deutschen Reichs- und Bundesbahn	Altes Gattungszeichen der Dt.Reichsbahn (weggefallen)	Französische Bezeichnungsweise	Alte amerikanische Bezeichnung	Neue englisch-amerikanische Bezeichnung
01	001	$^{3}/_{6}$	2'C1'h2 S	S 36.20*)	2-3-1	Pacific	4-6-2
41	041	$^{4}/_{6}$	1'D1'h2 G	G 46.18	1-4-1	Mikado	2-8-2
94^{5}	094	$^{5}/_{5}$	Eh2 Gt	Gt 55.17	0-5-0	10 wheel switcher	0-10-0

*) 20 = Mittlerer Achsdruck (Achslast) je Kuppelachse in t

Bekannte Unternehmen des Dampflokbaus

Deutschland)*
Henschel & Sohn, GmbH, Kassel
Arnold Jung, Maschinenfabrik, Jungental b. Kirchen/Sieg
Krauss-Maffei AG, München-Allach
Maschinenfabrik Esslingen, Esslingen/Neckar
Friedrich Krupp AG, Essen
Lokomotivbau-Elektrotechnische Werke Hans Beimler, Hennigsdorf/Berlin (früher Borsig Lokomotivbau)
Lokomotivbau Karl Marx, Potsdam-Babelsberg (früher Orenstein & Koppel)

*) Den Dampflokbau haben bis 1945 aufgegeben: Berliner Maschinenfabrik vorm. Louis Schwartzkopff, Wildau b. Berlin; Vulcan Stettiner Maschinenfabrik, Stettin-Bredow; F. Schichau GmbH., Elbing; Union Gießerei, Königsberg; Humboldt AG, Köln-Kalk; Hohenzollern AG, Düsseldorf-Grafenberg; Sächsische Maschinenfabrik vorm. Richard Hartmann, Chemnitz; Maschinenbauanstalt Karlsruhe; Hannoversche Maschinenbau AG (Hanomag), Hannover-Linden; Linke-Hofmann- Werke, Breslau (für Polen tätig); Allgemeine Elektricitäts-Gesellschaft, Berlin; Maschinenfabrik Hagans, Erfurt.

Österreich
Wiener Lokomotivfabrik AG, Wien-Floridsdorf

Schweiz
Schweizerische Lokomotiv- und Maschinenfabrik, Winterthur

Dänemark
Lokomotivfabrik Frichs, Aarhus

Großbritannien
Robert Stephenson & Hawthorns, Ltd. Newcastle
Beyer, Peacock & Co., Manchester

Belgien
Société Anglo-Franco-Belge des Ateliers de La Croyère, La Croyère
Cockerill-Ougrée, S. A., Seraing

Frankreich
Société des Forges et Ateliers du Creusot „Usines Schneider", Paris
Batignolles- Châtillon, Paris
Fives-Cail, Paris
Société Alsacienne de Constructions Mécaniques, Graffenstaden

Spanien
Maquinista Terrestra y Marítima, Barcelona

Italien
Ansaldo, Genova
Ernesto Breda, Milano
S. A. Officine Mecaniche Italiane, Reggio Emilio

Tschechoslowakei
Lenin-Werke, Pilsen (früher Škoda-Werke)

Polen
Lokomotivfabrik Warschau
Lokomotivfabrik Chrzanow

Ungarn
Lokomotiv- und Maschinenfabrik Mavag, Budapest

Rumänien
Lokomotivfabrik Resita

UdSSR
Lokomotivfabrik Kolomna
Lokomotivfabrik Woroshilowgrad

USA
Baldwin-Lima-Hamilton-Corp., Philadelphia
American Locomotive Company, Schenectady

Japan
Nippon Shario, Nagoya, Tokyo
Kisha Kaisha, Osaka, Tokyo
Mitsubishi, Mihara

Indien
Lokomotivfabrik Chittaranjan
Tata-Werke, Tatanagar

Kleine Geschichte der Dampflok

1769	Nicholas Josef Cugnot (1725—1804) erfindet einen Dampfwagen, den er aber nach einem Unglücksfall nicht weiterentwickelt.
1804	Richard Trevithick (1771—1833) baut die erste Schienenlokomotive der Welt.
1812—14	Weitere Versuche mit Lokomotiven durch Blenkinsop, Hedley und Stephenson.
1816	Johann Friedrich Krigar baut in der Berliner Eisengießerei 2 Loks nach englischem Vorbild, die sich aber nicht bewähren. Das sind die ersten deutschen Dampfloks.
1823	George Stephenson (1781—1848) gründet unter der Firma seines Sohnes Robert in Newcastle eine Lokfabrik.
1829	Im Lokomotivrennen von Rainhill trägt Stephenson mit seiner Lok „Rocket“ den Sieg davon. Die „Rocket“ zeigt erstmalig die Konstruktionsmerkmale der heutigen Dampflok.
1835	Die erste deutsche Eisenbahn von Nürnberg nach Fürth wird mit der Lok „Der Adler“, gebaut von Stephenson, eröffnet.
1838	Prof. Andreas Schubert (1808—1870) läßt von der Maschinenfabrik Übigau bei Dresden eine Lok bauen, die „Saxonia“.
1838	André Koechlin gründet in Mülhausen im Elsaß die erste Lokfabrik des Kontinents.
1839—40	Weitere Lokbauten in Deutschland durch die Sächsische Maschinenbau-Compagnie, durch die Maschinenfabrik Welver, durch Dr. Kufahl in Berlin und durch Jacobi, Haniel & Huyssen.
1841	August Borsig (1804—1854), Emil Keßler (1813—1867) und Joseph Anton Ritter von Maffei (1790—1870) nehmen den Lokbau in Berlin, Karlsruhe und München auf.
1842	Stephenson baut eine besonders leistungsfähige Lok mit langem Kessel und kurzem Achsstand (long-boiler-Bauart). Er verwendet dabei erstmals die Kulissensteuerung.
1842	Thomas Russell Crampton (1816—1888) erfindet eine Lokomotivbauart für Schnellzüge mit besonders niedriger Kessellage und großem Treibrad.
1844	Die Amerikaner bauen die erste Lok mit 4 gekuppelten Achsen.

1849 Joseph Trick (1812—1865), Oberingenieur der Maschinenfabrik Esslingen, baut die Lok „Alb“, die erste deutsche Berglok.

1850 Edmund Heusinger v. Waldegg (1817—1886), ein berühmter deutscher Lokomotivingenieur, erfindet die nach ihm benannte Steuerung.

1851 Anläßlich des Wettbewerbs zur Erlangung einer Lok für die Semmeringbahn entstehen die ersten Loks mit unterteiltem Triebwerk.

1858 Erfindung der Dampfstrahlpumpe durch Giffard in Frankreich.

1861 John Haswell (1812—1897), ein nach Österreich übergesiedelter engl. Ingenieur, baut erstmals eine Lok mit 4 Dampfzylindern.

1862 Der Eisenbahningenieur Max-Maria v. Weber (1822—1881) tritt erfolgreich für die Schaffung von Führerhäusern auf Lokomotiven ein.

1869 Der Amerikaner George Westinghouse (1846—1914) erhält ein Patent auf eine Luftdruckbremse.

1871 Eröffnung der Rigibahn, der ersten Zahnradbahn Europas nach dem Patent des Ingenieurs Niklaus Riggenbach (1817—1899).

1876 Anatole Mallet (1837—1919) erfindet die Verbundlokomotive.

1879 David Joy (1825—1903), ein berühmter engl. Lokomotivingenieur, erfindet eine neue Steuerung.

1880 August v. Borries (1852—1906), hochverdienter deutscher Lokbauer, läßt bei Schichau in Elbing die erste deutsche Verbundlok bauen.

1886 Die Vierzylinder-Verbundlok wird in Frankreich von Alfred de Glehn (1848—1936) erfunden.

1888 Richard v. Helmholtz (1852—1934) baut die erste Lok mit dem nach ihm benannten Laufachsdrehgestell.

1894 Deutschland erhält die erste Vierzylinder-Verbundlok, gebaut von der Elsässischen Maschinenfabrik in Grafenstaden.

1898 Erste Heißdampflok der Welt nach dem Patent von Wilhelm Schmidt (1858— 1924).

1900 Karl Gölsdorf (1861—1916), ein österreichischer Lokingenieur, baut erstmals eine Lok mit seitenverschieblichen Kuppelachsen.

1905 Die ägyptische Staatsbahn verwendet den Speisewasservorwärmer.

1907 Rekordfahrt der bayr. Dampflok Gattung S 2/6 entworfen von Anton Hammel (1857—1925), gebaut von I. A. Maffei. Sie erreicht 155 km/h.

1908 Schweden baut eine Lok mit Antrieb durch eine Dampfturbine.

1917 Die Maschinenfabrik Esslingen liefert die erste deutsche Lok mit 6 gekuppelten Achsen ab.

1923 Krupp baut eine Turbinenlok.

1925 Erste deutsche Einheitslok, die 02 001, wird in Dienst gestellt.

1926 Maffei baut ebenfalls eine Turbinenlok.

1929 Versuch mit einer Lok von 120 atü Dampfdruck in Deutschland.

1936 Die deutsche Lok 05 002 wird mit 201 km/h schnellste Damflok der Welt.

1941	Letzte Stufe des Dampflokbaus: Henschel baut eine Lok mit Einzelachsantrieb, nach dem Versuche in Frankreich und England vorangegangen sind.
1950—56	Neubauprogramm der Deutschen Bundesbahn.
1959	Die Deutsche Bundesbahn stellt den Neubau von Dampflokomotiven ein.

Verzeichnis der Dampflokomotivgattungen der Deutschen Reichs- und Bundesbahn

Die nachstehende Zusammenstellung enthält alle Lokgattungen, die am 1. Januar 1960 noch in Betrieb standen. Das schließt nicht aus, daß auch noch andere Loks aus bereits ausgemusterten Gattungen vorhanden waren, sei es im Dienst der Versuchsanstalten, sei es auch, weil ihr Erhaltungszustand noch relativ gut war. Diese Loks sind nicht mit erfaßt. Unberücksichtigt blieben auch die in Mitteldeutschland zahlreich vorhandenen Bauarten verstaatlichter Privatbahnen. Bei ihnen handelt es sich oft nur um wenige Stück. Ferner sind auch die Schmalspurloks nicht aufgenommen, da diese Bahnen in der Mehrzahl der Fälle bereits durch Omnibuslinien ersetzt wurden.

In der Spalte „Lieferer" ist bei Beteiligung mehrerer Lokbauanstalten jeweils nur der Lieferant der ersten Ausführung angegeben. Die Spalte „Bemerkungen" enthält die frühere Bezeichnung, soweit es sich um Loks handelt, die noch aus der Zeit der früheren Länderbahnen stammen. In dieser Spalte sind auch nähere Hinweise über Umbauten u. dgl. angegeben.

Baureihe neu	Baureihe alt	Bauart	Baujahr	Lieferer	Bemerkungen
001	01	2'C1'h2 S	1925—37	Borsig u. a.	z.Tl. ab1958 neue Hochleist.-Kessel
011/12	01^{10}	2'C1'h3 S	1939—40	Schwartzkopff	Neue Kessel, z. Tl. Ölfeuerung
003	03	2'C1'h2 S	1930—37	Borsig u. a.	
—	03^{10}	2'C1'h3 S	1939—41	Borsig u. a.	z. Tl. neue Hochleistungskessel
010	10	2'C1'h3 S	1957	Krupp	2 Probeloks
—	17^{11}	2'C h4v S	1914—16	Henschel u. a.	pr S 10^{1}
—	18^{0}	2'C1'h3 S	1917—18	Hartmann	sä XVIII H
018	18^{6}	2'C1'h4v S	(1953—56)	Maffei u. a.	Umbau bay S 3/6, neue Kessel
—	19^{0}	1'D1'h4v S	1918—23	Hartmann	sä XX HV
—	22	1'D1'h3 P	(1958—62)	Verschiedene	Umbau BR 39, Mitteldeutschland
023	23	1'C1'h2 P	1950—59	Henschel u. a.	
—	23^{10}	1'C1'h2 P	1957—60	Babelsberg	Mitteldeutschland
—	24	1'C h2 P	1927—38	Schichau u. a.	
—	38^{2}	2'C h2 P	1910—27	Hartmann	sä XII H 2
038	38^{10}	2'C h2 P	1906—24	Schwartzkopff u. a.	pr P 8
039	39	1'D1'h3 P	1922—27	Borsig u. a.	pr P 10, z. Tl. umgeb. in BR 22
041/42	41	1'D1'h2 G	1936—40	Schwartzkopff u. a.	z. Tl. neue Hochleistungskessel
—	42	1'E h2 G	1943—49	Henschel u. a.	
—	43	1'E h2 G	1927—28	Henschel u. a.	
044/43	44	1'E h3 G	1926—47	Henschel u. a.	
050/54	50	1'E h2 G	1939—46	Henschel u. a.	z. Tl. neue Kessel u. Vorwärmer
—	50^{40}	1'E h2 G	1956—60	Babelsberg	Mitteldeutschland
—	52	1'E h2 G	1942—49	Borsig u. a.	
—	54^{15}	1'C h2 G	1919—23	Maffei, Krauss	bay G 3/4

Baureihe neu	alt	Bauart	Baujahr	Lieferer	Bemerkungen
055	55^{25}	D h2 G	1913—21	Schichau u. a.	pr G 8^1
056	56^2	1'D h2 G	(1934—39)	Verschiedene	Umbau BR 55^{25}
—	56^{20}	1'D h2 G	1919—27	Henschel u. a.	pr G 8^2
057	57^{10}	E h2 G	1910—24	Henschel u. a.	pr G 10
—	58^{10}	1'E h3 G	1917—24	Henschel u. a.	pr G 12
—	58^{30}	1'E h3 G	(1958—)	Verschiedene	Umbau BR 58^{10}, Mitteldeutschland
—	62	2'C2'h2 Pt	1928—29	Henschel	
064	64	1'C1'h2 Pt	1927—40	Borsig u. a.	
065	65	1'D2'h2 Pt	1951—54	Krauss-Maffei	
—	65^{10}	1'D2'h2 Pt	1954—60	Hennigsdorf	Mitteldeutschland
066	66	1'C2'h2 Pt	1955	Henschel	2 Probeloks
—	70^0	1 B h2 Pt	1909—15	Krauss	bay Pt $^2/_3$
—	74^0	1'C h2 Pt	1903—10	Union u. a.	pr T 11 umgeb. n2
—	74^4	1'C h2 Pt	1902—21	Union u. a.	pr T 12
—	75^0	1'C1'h2 Pt	1910—20	Eßlingen	wü T 5
—	75^4	1'C1'h2 Pt	1914—17	Karlsruhe	bad VIc $^{1\text{-}8}$
—	75^5	1'C1'h2 Pt	1911—21	Hartmann	sä XIV HT
075	75^{10}	1'C1'h2 Pt	1920—21	Karlsruhe	bad VIc $^{9\text{-}10}$
078	78	2'C2'h2 Pt	1912—27	Vulcan u. a.	pr T 18
—	80	C h2 Gt	1927—29	Hohenzollern u. a.	
—	81	D h2 Gt	1928	Hanomag	
082	82	E h2 Gt	1950—55	Henschel u. a.	
—	83^{10}	1'D2'h2 Gt	1955—58	Hennigsdorf	Mitteldeutschland
—	84	1'E 1'h3 Gt	1934—37	Schwartzkopff	
—	85	1'E 1'h3 Gt	1932—33	Henschel	
086	86	1'D1'h2 Gt	1928—43	Karlsruhe u. a.	
—	89^2	C n2 Gt	1901—19	Hartmann	sä V T
—	89^7	C n2 Gt	1906—22	Krauss	bay R $^3/_3$
089	89^{70}	C n2 Gt	1900—10	Verschiedene	pr T 3
—	91^3	1'C n2 Gt	1901—14	Union u. a.	pr T 9^3
—	92^2	D n2 Gt	1907—21	Karlsruhe	bad X b
—	92^5	D n2 Gt	1910—23	Union u. a.	pr T 13
—	92^{20}	D n2 Gt	1918—25	Krauss	bay R $^4/_4$
—	93^0	1'D1'h2 Gt	1914—19	Union u. a.	pr T 14
093	93^5	1'D1'h2 Gt	1919—24	Union u. a.	pr T 14^1
—	94^1	E h2 Gt	1921—22	Eßlingen	wü Tn
—	94^2	E h2 Gt	1905—15	Schwartzkopff u. a.	pr T 16
094	94^5	E h2 Gt	1913—24	Schwartzkopff u. a.	pr T 16^1
—	94^{20}	E h2 Gt	1908—23	Hartmann	sä XI HT
—	95	1'E 1'h2 Gt	1922—23	Borsig	pr T 20
—	97^1	C1'h2(4v) Z	1912—23	Krauss	bay Ptz L $^3/_4$
—	97^5	E h2(4v) Z	1923—25	Eßlingen	wü Hz
098	98^8	D h2 L	1911—28	Krauss	bay L $^4/_4$
—	98^{10}	D1'h2 L	1929—33	Krauss-Maffei	
097	98^{11}	1'D h2 L	(1934—41)	Krauss	Umbau BR 98^8

Hauptabmessungen von Dampflokomotiven

Bahn	Reihe Type	Bauart	Baujahr	Lieferer	Zylinder-durchmesser mm	Kolben-hub mm	Treib-rad-durchmesser mm	Dampf-druck kg/cm²	Rost-fläche m²	Ver-dampfungs-heiz-fläche m²	Heiz-fläche des Über-hitzers m²	Dienst-gewicht t	Rei-bungs-gewicht t	Zul. größte Ge-schwin-digkeit km/h
Die schnellsten deutschen Dampflokomotiven														
Badische Staatsbahn	II d	2'B 1' n4v S	1902—05	Maffei, Karlsruhe	335/570	620	2100	16	3,9	210	—	74	31,9	120
Bayrische Staatsbahn	S $^2/_6$	2'B 2' h4v S	1906	Maffei	410/610	640	2200	14	4,7	215	38	83	32	150
Badische Staatsbahn	IV h	2'C 1' h4v S	1918—20	Maffei	440/680	680	2100	15	5	225	78	97	53,2	140
Deutsche Reichsbahn	05	2'C 2' h3 S	1934	Borsig	450	660	2300	20	4,7	256	90	127	56,3	175
Deutsche Reichsbahn	61	2'C 2' h2 St	1935	Henschel	460	750	2300	20	2,7	152	69	128	56,7	175
Die stärksten deutschen Dampflokomotiven														
Bayrische Staatsbahn	Gt 2x$^4/_4$	D'D h4v Gt	1913—14	Maffei	600/800	640	1216	15	4,3	200	65	131	131	50
Württbg. Staatsbahn	K	1'F h4v G	1917—24	Eßlingen	510/760	650	1350	15	4,2	232	80	108	94,6	65
Deutsche Reichsbahn	43	1'E h2 G	1927—28	Henschel u. a.	720	660	1400	14	4,7	237	100	111	96,6	70
Deutsche Reichsbahn	44	1'E h3 G	1926—47	Henschel u. a.	550	660	1400	16	4,7	238	100	110	95,9	80
Deutsche Reichsbahn	45	1'E 1' h3 G	1937—41	Henschel	520	720	1600	20	4,8	310	121	127	98,8	90
Die größten Dampflokomotiven der Welt														
a) Regelbauart														
Pennsylvania Rd.	Q 2	2'BC 2' h4 G	1944—45	PRR	502/603	737	1753	21,1	11,31	625	272	281	—	—
Bessemer & Lake Rd.	H-1g	1'E 2' h2 G	1944	Baldwin	787	813	1626	17,6	9,9	549	231	238	169	—
Union Pacific Rd.	9000	2'F 1' h2 G	1926—30	Alco	686	813	1702	15,5	10,1	542	238	234	—	110
UdSSR-Staatsbahn	AA	2'G 2' h2 G	1935	Kolomna	745	810	1600	17	12	410	174	206	139	—
b) Bauart Mallet														
Union Pacific Rd.	4000	(2'D) D2' h4 G	1941—44	Alco	603	813	1727	21,1	13,9	547	229	350	247	110
Chesapeake & Ohio R.	H-8	(1'C) C3' h4 G	1941—49	Lima	572	838	1702	18,3	12,6	631	272	341	213	95
Duluth, Missabe u. Iron Range Rd.	M-4	(1'D) D2' h4 G	1941—43	Baldwin	660	813	1600	17	11,6	628	257	317	—	55

				Moderne Dampflokomotivbauarten										
				1. Deutsche Bundesbahn										
				a) Modernisierte ältere Typen										
Deutsche Bundesbahn	01^{10}	2'C 1' h3 S	1939—40	Schwartzkopff	500	660	2000	16	4,3	247	86	114	60,2	140
Deutsche Bundesbahn	03^{10}	2'C 1' h3 S	1939—41	Borsig u. a.	470	660	2000	16	3,9	203	72	103	54,9	140
Deutsche Bundesbahn	18^{6}	2'C 1' h4v S	1926—30	Maffei, Henschel	440/650	610/670	1870	16	4,1	196	72	100	56	120
				b) Neubauten										
Deutsche Bundesbahn	10	2'C 1' h3 S	1957	Krupp	480	720	2000	18	3,9	216	106	116	66	140
Deutsche Bundesbahn	23	1'C 1' h2 P	1950—59	Henschel u. a.	550	660	1750	16	3,1	156	74	85	56,9	110
Deutsche Bundesbahn	65	1'D 2' h2 Pt	1951—54	Krauss-Maffei	570	660	1500	14	2,7	140	63	108	68	85
Deutsche Bundesbahn	66	1'C 2' h2 Pt	1955	Henschel	470	660	1600	16	1,9	88	45	89	47,2	100
Deutsche Bundesbahn	82	E h2 Gt	1950—55	Henschel u. a.	600	660	1400	14	2,3	122	52	93	93	70
				2. Französische Staatsbahn (SNCF)										
SNCF	232-U	2'C 2' h4v S	1949	Corpet, Louvet Co.	446/680	700	2000	20	5,2	195	87,4	129	69	140
SNCF	241-P	2'D 1' h4v S	1947—49	Schneider	446/674	650/700	2020	20	5,1	245	108	131	82	120
SNCF	242-A	2'D 2' h3v S	1946	Bahnwerkstatt	600/680	720/760	1950	20	5	253	120	148	84	140
SNCF	150-P	1'E h4v G	1947	La Chapelle	490/680	640/700	1550	18	3,5	193	82	105	90	105
				3. Britische Eisenbahnen (BR)										
BR	A-1	2'C 1' h3 S	1949	Doncaster	502	660	2032	17,6	4,7	229	63	107	—	150
BR	5	2'C h2 S	1956	Derby	502	711	1880	16	2,7	153	33	77	—	130
BR	9	1'E h2 G	1955	Crewe	508	711	1524	17,6	3,7	133	38	91	—	80
BR	4	1'C 2' h2 Pt	1958	Brighton	457	711	1727	16	2,5	127	22	88	—	120
				4. Staatsbahn der UdSSR										
UdSSR-Staatsbahn	6998	2'C 2' h2 S	1938	Woroshilowgrad	671	775	2200	15	7	248	119	138	—	180
UdSSR-Staatsbahn	P 36	2'D 2' h2 P	1950	Kolomna	559	800	1850	15	6,8	243	143	135	—	125
UdSSR-Staatsbahn	LV	1'E 1' h2 G	1954	Woroshilowgrad	650	800	1500	14	6,4	237	137	122	—	80
				5. USA-Bahnen										
Chesapeake & Ohio R.	L-2	2'C 2' h2 S	1948	Baldwin	635	762	1981	18	8,4	388	166	201	—	150
New York Central	A-2a	1'D 2' h2 P	1948	Alco	660	813	1600	16,2	8,4	397	175	193	—	110
New York Central	S-1b	2'D 2' h2 S	1945—46	Alco	648	813	2007	19,3	9,4	448	193	214	—	140
Pennsylvania Rd.	T-1	**2'BB** 2' h4 S	1945—46	PRR	476	660	2032	21,1	8,6	484	143	232	—	130
				Zum Vergleich										
Stockton-Darlington	„Locomotion"		1825	Stephenson	280	400	1220	2	—	5,5	—	8	—	—
Liverpool-Manchester	„Rocket"		1829	Stephenson	240	300	1435	3,3	0,5	11	—	4,5	—	35
Nürnberg-Fürth	„Der Adler"		1835	Stephenson	229	406	1371	3,3	0,5	18	—	14	—	70

Die Entwicklung der deutschen Dampflokomotiven 1840 — 1950

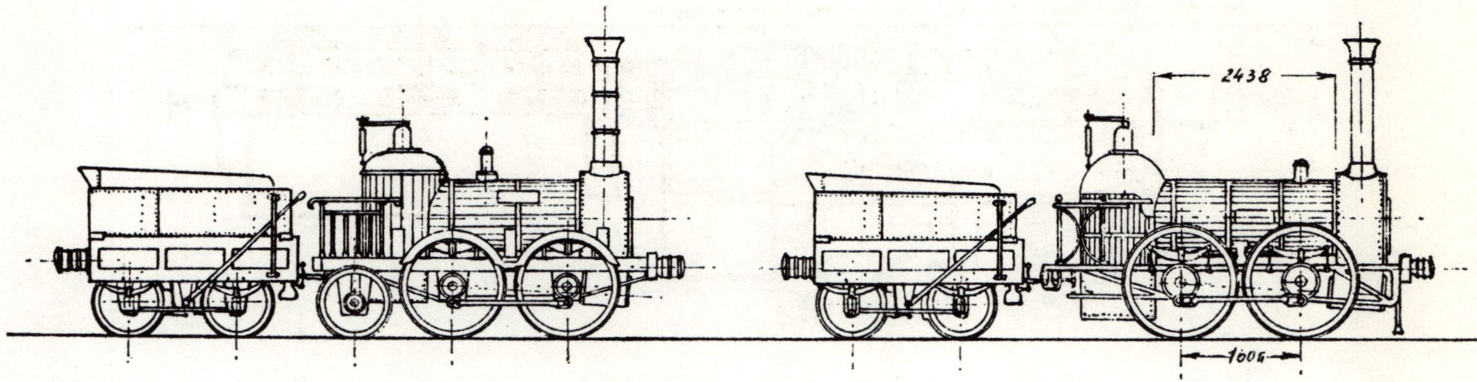

1840 Die ersten Lokomotiven lieferte England, links Rothwell, rechts Bury für Leipzig-Dresden.

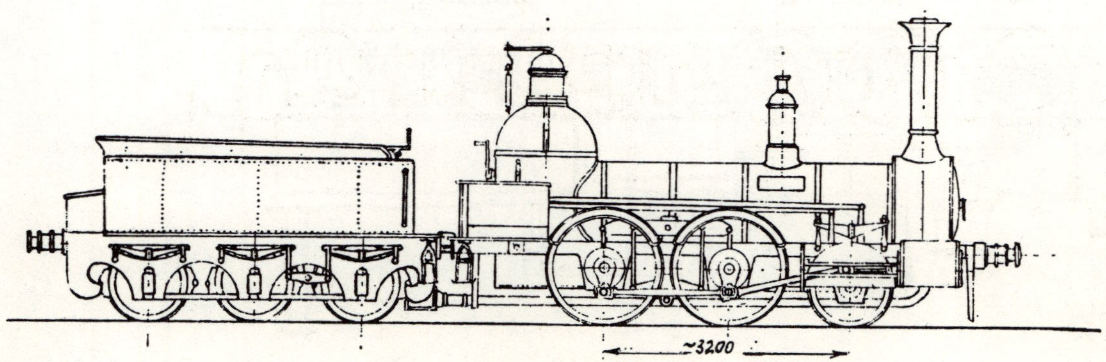

1850 Die 1 B — long-boiler-Lokomotive setzt sich durch, Borsig, verschiedene Bahnen.

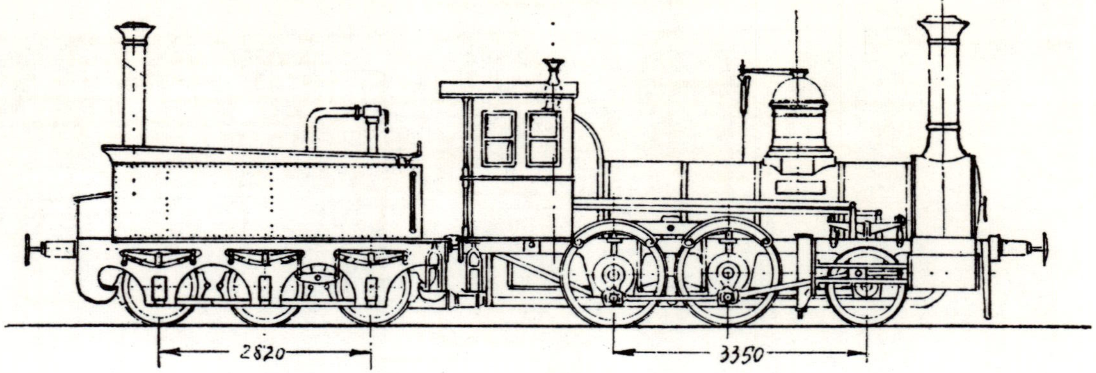

1860 Führerhaus und Kirchweger-Abdampfkondensation (Tenderschornstein) sind hinzugekommen, Borsig, verschiedene Bahnen.

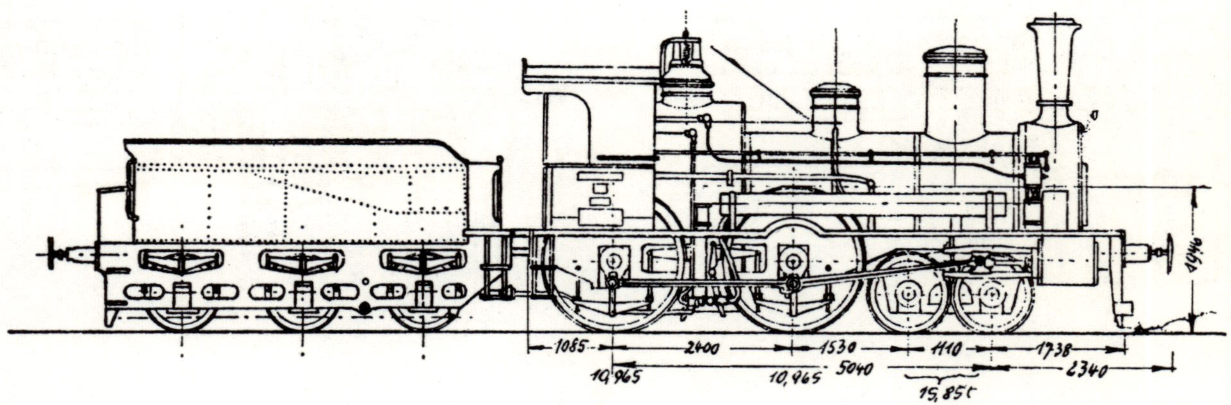

1870 Höhepunkt der Amerikanerlok deutscher Prägung in Württemberg und Sachsen, Esslingen.

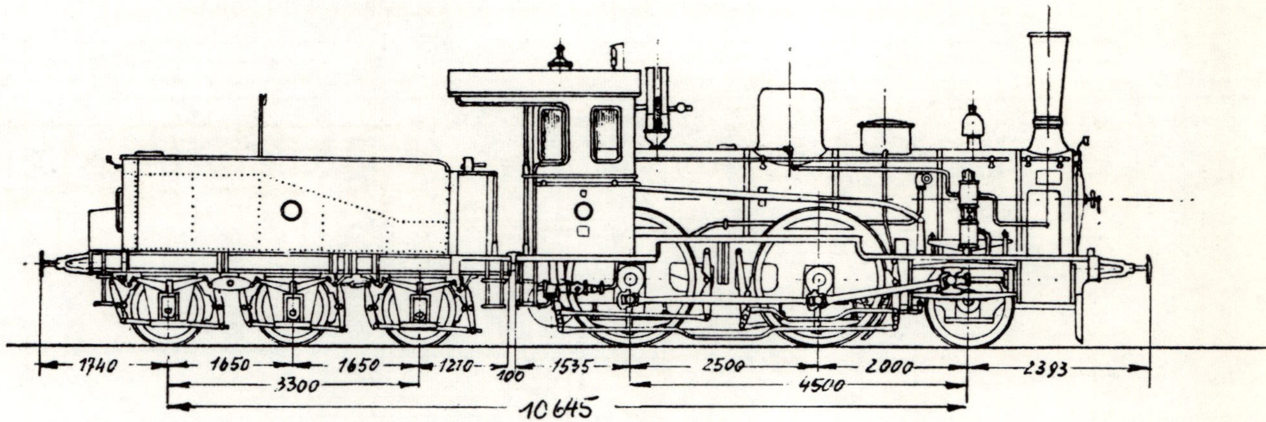

1880 Die steifachsige 1 B in ihrem letzten Entwicklungsstadium, preußische P 3.

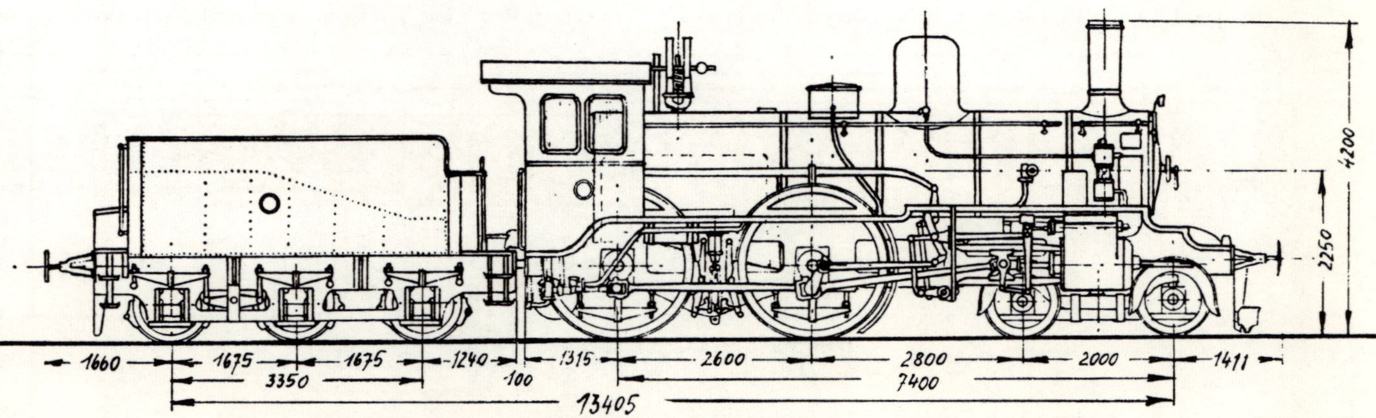

1890 Die Zeit der 2 B-Drehgestellokomotive beginnt, preußische S 3.

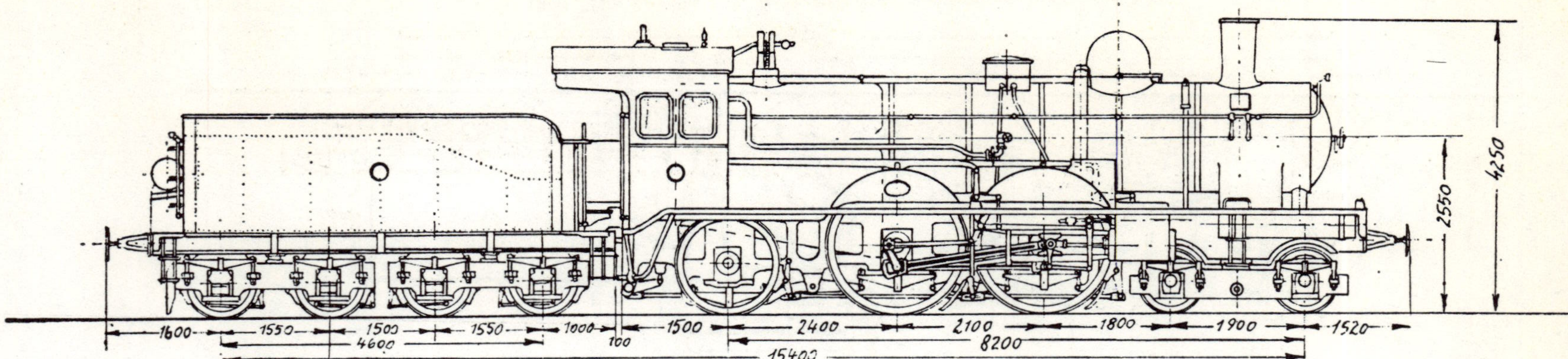

1900 Die Vierzylinder-Verbund-Atlantik-Bauart leitet zum Gipfelpunkt des europäischen Dampflokbaus über, Grafenstaden, preuß. S 7.

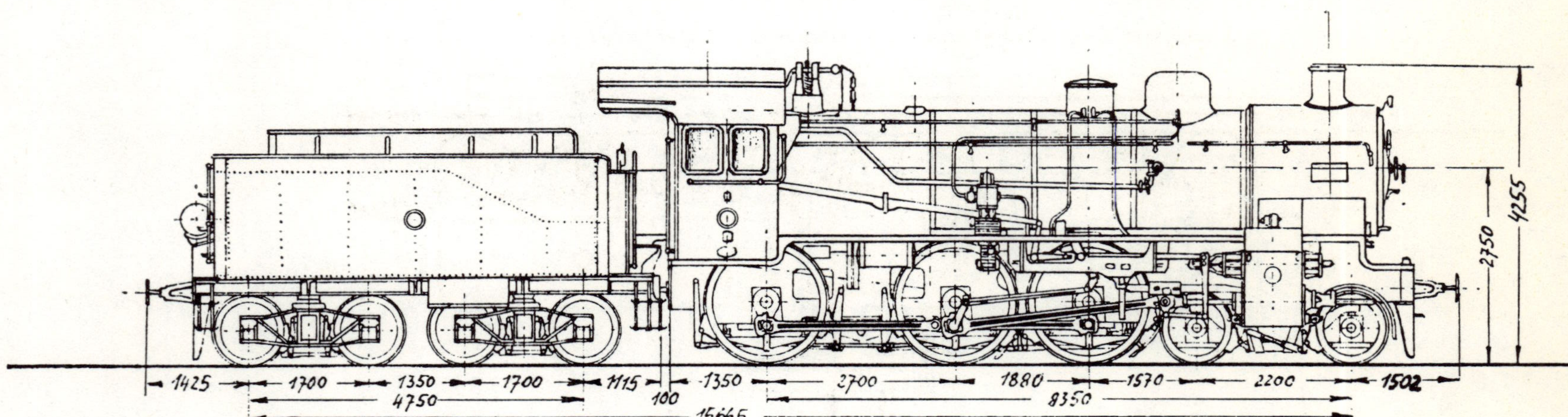

1910 Die preußische P 8 setzt für ein Vierteljahrhundert Normen.

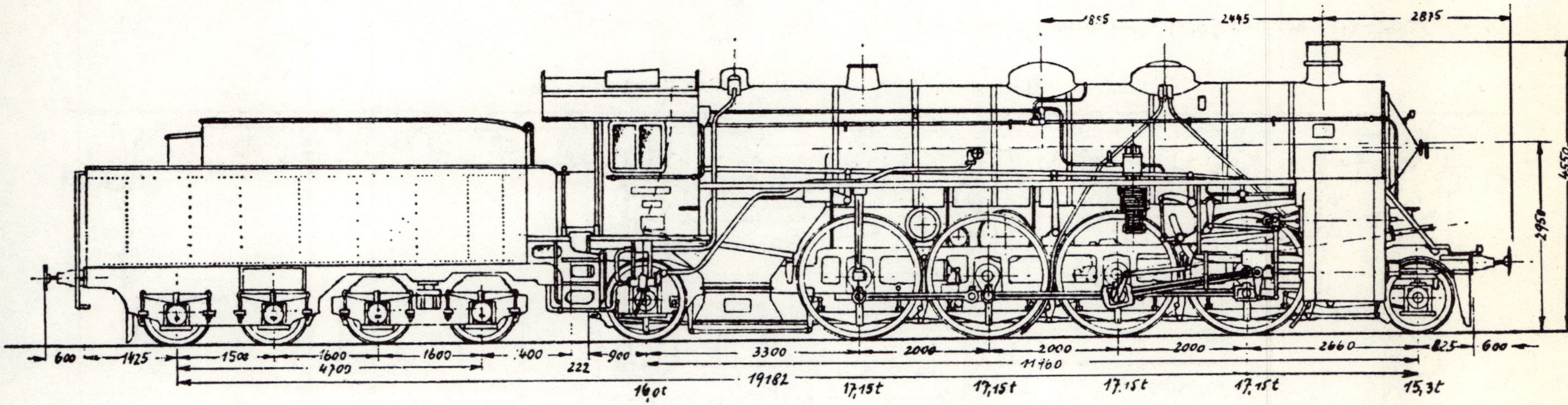

1920 Größte Lok Europas: Die sächs. XX HV, später BR 19°.

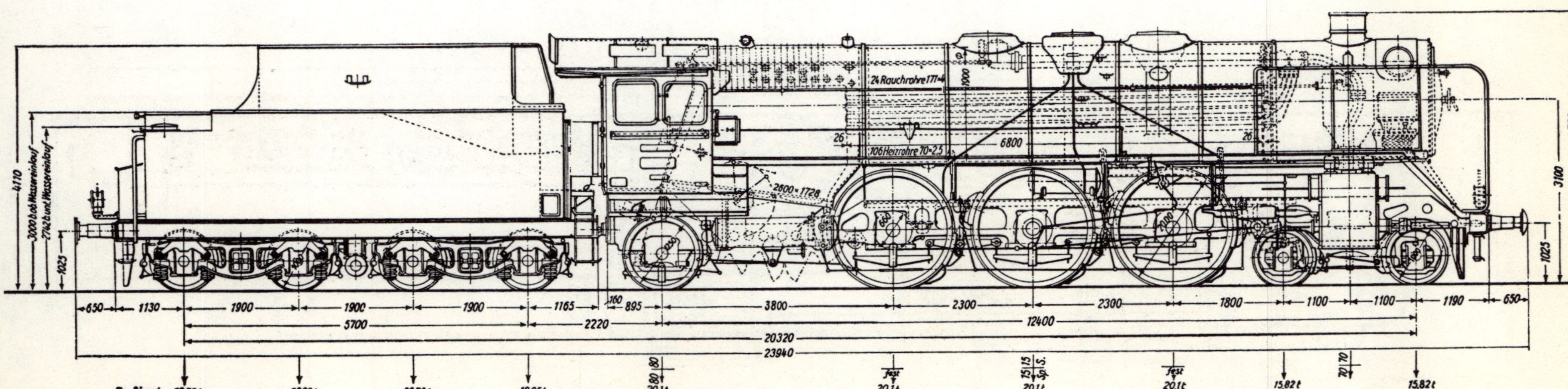

1930 Die Einheitslokomotiven entstehen, BR 01 der DR.

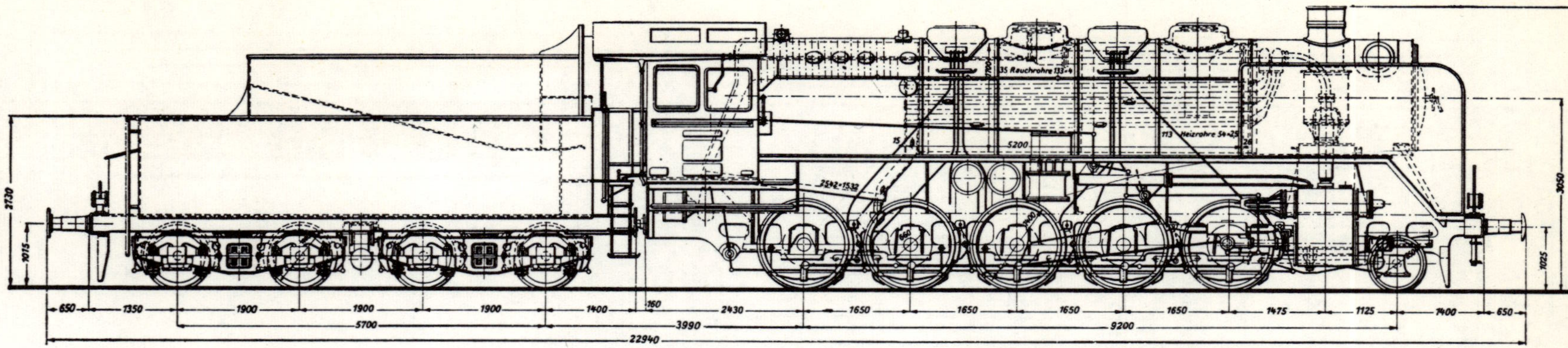

1940 Die kleinrädrige 1 E erreicht die größte Verbreitung aller Dampfloks, BR 50 DR.

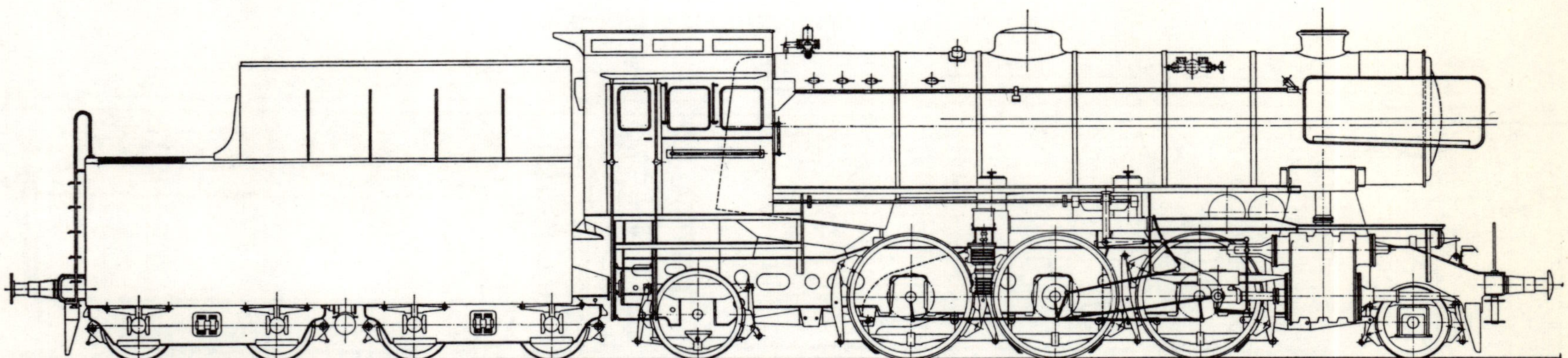

1950 Letzte Dampflokneubauten in Deutschland, BR 23 der DB.

(Zeichnungen: 1840—1920 Töpelmann, 1930—1950 Gottwaldt)

Bildteil

Bild 1 Markantes Bild einer unvergessenen Dampflok: 01 1104 am Block Eschental bei Brilon Wald 1964. (Foto: Rotthowe)

01 1104

Bild 2 So sahen die ersten Lokomotiven aus, die von England den Weg in die Welt nahmen. Lok „Acheron“ der engl. Westbahn um 1850. (Bild: Sammlung Loeb)

Bild 3 Die ersten deutschen Lokomotiven: 1840 baute die Eisengießerei Jacobi, Haniel und Huyssen, in Sterkrade, die heutige Gutehoffnungshütte, eine Lok, die später von der Taunusbahn angekauft wurde. (Werkfoto GHH)

Bild 4 Wesentlich größer und leistungsfähiger war bereits die erste Lok der Fabrik von Georg Egestorff in Hannover, der späteren Hanomag, aus dem Jahre 1846. Sie ist für die in jenen Jahren weit verbreitete „Langkessel“- oder auch „long-boiler“-Bauart typisch, bei welcher der Kessel wegen seiner Größe vorn und hinten überhing. (Werkfoto Hanomag)

Bild 5 Die „Gotha“, eine von Borsig 1855 an die Thüringische Eisenbahn gelieferte Schnellzuglok. Maschinen dieser Bauart haben den Reisezugdienst auf den Bahnen Europas bis fast zur Jahrhundertwende bestritten.
(Werkfoto Borsig)

Bild 6 Im Jahre 1848 nahm die Firma Henschel in Kassel den Lokbau auf. Die Lok „Drache“ im Baustil der „Amerikanerlokomotive“ gehalten, ist die erste von 30 000 Loks, die das Werk bis zum Jahre 1959 als größte deutsche Lokomotivfabrik herstellte.
(Werkfoto Henschel)

Bild 7 Lange haben sich die alten Bauarten gehalten. Die Lok Nr. 2 der Sächs. Staatsbahn wurde 1858 von Borsig gebaut und erst 1901 ausgemustert. „Spinnräder“ nannte man im Volksmund diese Bautype.

(Foto: Contius)

Bild 8 Noch im Jahre 1875 treffen wir auf diese typische „long-boiler“-Bauart mit ihren großen Überhängen. Borsig lieferte sie an die Altenburg-Zeitzer Eisenbahn, wo sie bis 1922 in Dienst stand.

(Foto: Contius)

Bild 9 Der Schnellzug nach Berlin verläßt Hamburg. Die Lokomotive lieferte Schwartzkopff im Jahre 1878. (Foto: Sammlung Dr. Scheingraber)

Bild 10 Von Schichau 1873 gebaute Lok der Königlichen Ostbahn. (Foto: Sammlung Dr. Scheingraber)

Bild 11 Noch 1873 treffen wir bei dieser Borsig-Lok der Cöln-Mindener Eisenbahn die alte überhöhte Form des Stehkessels. (Foto: Sammlung Dr. Scheingraber)

Bild 12 Aus 1868 stammt diese sächsische Güterzuglok, die bis 1919 in Betrieb stand. Interessant ist der topfartige Funkenfänger auf dem Schornstein. (Foto: Contius)

Bild 13 (übernächste Seite) Vielbewährt und beliebt: Die preußische T 3-Tenderlok, seit 1883 in großer Stückzahl gebaut. Aufnahme 1930 im Bw Leipzig Hbf. West. (Foto: Kroll)

869

843

10
11
Deutsche Reichsbahn
89 7255
Gt 33.12

14

Bild 14 Schnellzuglok der Badischen Staatsbahn, Bauart Crampton, geliefert 1854. Die ersten beiden Loks dieser Bauart besaßen ein rückkehrendes Flammrohr und daher den Schornstein in der Kesselmitte. (Foto: Archiv)

Bild 15 Einen neuen Baustil, der sich durch besondere Einfachheit und Betriebstüchtigkeit auszeichnete, entwickelte Georg Krauss 1867 in München. Seine Fabr.-Nr. 1. die „Landwührden“ lieferte er an die Oldenburgische Staatsbahn.
(Foto: Deutsches Museum)

Bild 16 Auch das war einmal eine moderne Lok. Die belgische Firma Cockerill lieferte sie 1892 an die Main-Neckar-Eisenbahn. Aus der Verstümmelung des Namens der Lieferfirma entstand ihr Spitzname „Krokodil“. (Foto: Sammlg. Dr. Scheingraber)

Bild 17 Der „Möbelwagen“, die erste Stromlinienlok der Welt. 1904 von Henschel an die Preußische Staatsbahn geliefert. Die Verkleidung wurde später entfernt, die beiden gebauten Loks haben mit normalem Aussehen bis 1918 Dienst getan.
(Foto: Archiv)

Bild 18 Nochmals eine Crampton-Lok, die „Poelnitz“ der Pfalzbahn von 1863, vor dem alten bayerischen Hofzug im Bahnhof Ludwigshafen fotografiert. (Foto: Verkehrsmuseum Nürnberg)

Bild 19 Sächsische Schnellzuglokomotive des Jahres 1870, von Hartmann, Chemnitz, gebaut. Wie in Bild 11 auch hier wieder die gewölbte Stehkesseldecke. (Foto: Reinstein)

Bild 20 Fast modern schon die preußische S 5^2-Schnellzuglokomotive der Zweizylinder-Verbund-Bauart von 1907, die auf der Lübeck-Büchener Eisenbahn Dienst versah und in Lübeck fotografiert wurde.
(Foto: Sammlung Rauter)

Bild 21 Altes Bild einer alten Lok. Die „Thatcher Perkins", gebaut 1863, eine besonders starke Maschine der Baltimore und Ohio-Eisenbahn. Sie zeigt das Typische der amerikanischen Loks der Pionierzeit: Kuhfänger, Reflektor und Funkenfänger-Schornstein. Die amerikanischen Loks besaßen von Anfang an das geschlossene Führerhaus. (Foto: B & O Rd.)

Bild 22 Das ist einer der berühmten „Flieger" der Great Northern Eisenbahn in England. Die Loks dieser 1870 entstandenen Bauart besaßen einen Treibraddurchmesser von 2.48 m. Die Lok ist noch heute im Museum vorhanden. (Foto: Archiv)

Bild 23 Württemberg beschaffte 1898 für seine Hügellandstrecken starke, vierzylindrige Schnellzuglokomotiven der Bauart De Glehn, wie hier bei Esslingen fotografiert. (Foto: Mayer)

Bild 24 Eine 1876 vom Stettiner Vulcan an die Main-Weser-Bahn gelieferte Schnellzuglokomotive. (Foto: Sammlung Haas)

Bild 25 Letztes Entwicklungsstadium der alten Dreikuppler-Güterzuglokomotive. Preußische Verbund G 4^2 von 1895. (Foto: Maey)

Bild 26 „Amerikanerlok“ deutscher Prägung, wie sie in Württemberg beliebt war und von Esslingen 1870 auch nach Sachsen geliefert wurde. (Foto: Contius)

Bild 27 Gegen Ende des Jahrhunderts kamen die Vierzylinder-Verbund-Lokomotiven auf. Die Bauart v. Borries — hier die preuß. S 5^1 — wurde in Deutschland sehr geschätzt. (Foto: Hubert)

Bild 28 Große Verbreitung fand die vom gleichen Konstrukteur 1892 entwickelte Zweizylinder-Verbund S 3, „die" Schnellzuglok der Jahrhundertwende. (Foto: Hubert)

Bild 29 Ähnliche Typen beschafften auch die anderen deutschen Bahnen, hier die bayerische B XI c, von Maffei 1897 gebaut. Interessant das Anfahrventil über dem Zylinder. (Foto: Sammlung Dr. Mühl)

Bild 30 Eilzug Halle — Cottbus — Sagan, geführt von der preußischen S 3, im Jahre 1905 bei Cottbus aufgenommen. (Foto: Sammlung Bellingrodt)

Bild 31 Um die Jahrhundertwende spielte die sogenannte Atlantik-Lokomotivbauart eine besondere Rolle. Hier die preußische Vierzylinder-Verbund S 7 vor einem Versuchszug in Berlin. (Foto: Köhler)

Bild 32 Größte deutsche Atlantik-Bauart war die S 9 von 1908. Das Foto zeigt sie im Hbf Hannover im Jahre 1920. (Foto: Wolff)

Bild 33 Preußische Personenzuglokomotive P 4^2 aus der Zeit der Jahrhundertwende. Die Aufnahme entstand während des Ersten Weltkrieges in Wilna. (Foto: Sammlung Maixner)

Bild 34 Abermals eine preußische S 9, an einem regnerischen Abend in Hannover aufgenommen. (Foto: Ackermann)

Bild 35 Die dreizylindrige S 10² gehört zu den letzten noch von der preußischen Staatsbahn beschafften Schnellzuglokomotiven. Aufnahme 1936 in Magdeburg. (Foto: Ziegler)

Bild 36 Letzte und größte europäische 2 B-Lokomotive war die preußische S 6 von 1906. Das Foto stammt aus dem Jahre 1929 kurz vor der Ausmusterung der Lok. (Foto: Maey)

17 211
Überschreiten
der Gleise
untersagt!

13 1247

Bild 37 Bayerische Tenderlokomotive für Vorortverkehr und Nebenstrecken, von Krauss 1898 entwickelt. Aufnahme in Nürnberg um 1930. (Foto: Schörner)

Bild 38 In Sachsen und Preußen diente eine 1 B 1-Tenderloktype der gleichen Aufgabe. Nebenbahnzug in Beucha. (Foto: Hubert)

Bild 39 Die preußische T 3 wurde auch von privaten Kleinbahnen gern angeschafft wie hier von der Butzbach-Licher Eisenbahn. (Foto: Dr. Wolff & Tritschler)

Bild 40 (nächste Seite) Morgenstimmung im Bahnbetriebswerk Annaberg-Buchholz am 10. 10. 1962 mit alten sächsischen Personenzuglokomotiven der Baureihe 38^2 sowie einer 86. (Foto: Illner)

Bild 41 Der „Harrogate Pullman, Limited“, ein schneller englischer Zug um 1910. Beachtenswert sind die schönen glatten Formen der englischen Lok. (Foto: British Railways)

Bild 42 Die größte und leistungsfähigste Schnellzuglok Österreichs war die Reihe 12 (214), eine 1929 gebaute 1'D 2' h2-Lok, hier vor der Abfahrt in Wien West. Die gleiche Lokomotivbauart stand auch in Rumänien in Betrieb. (Foto: ÖBB)

Bild 43 Der Berliner Schnellzug verläßt Hannover im Jahre 1928. (Foto: Wolff)

342

Bild 44 Die „Pazifik"-Type gehört zu den schönsten Reisezug-Lokomotivbauarten der Welt. Badische IV f-Lokomotive wartet im alten Heidelberger Bahnhof auf ihren Zug. (Foto: Wolff)

Bild 45 Wohl bekannteste Vertreterin dieser Bauart ist die bayerisch-pfälzische S 3/6, hier im Münchener Hauptbahnhof fotografiert. (Foto: Kallmünzer)

Bild 46 Modernisierte S 3/6-Lokomotiven auf der Steigung bei Günzach im Allgäu, März 1962. (Foto: Tausche)

Bild 47 Kraftprotze auf europäischen Bahnen, 1'F-Güterzuglok Klasse K der ehem. Württembergischen Staatsbahn, gebaut 1917 von Esslingen. Seinerzeit größte Dampflok Europas.
(Foto: Bellingrodt)

Bild 48 1'E1'-Güterzuglok Baureihe 45 der DB, die größte deutsche Dampflok, gebaut 1937 von Henschel.
(Foto: Bellingrodt)

Bild 49 1'Ea-Güterzuglok Gattung G 16 der Elsaß-Lothringischen Eisenbahnen, gebaut 1936 von Graffenstaden.
(Werkfoto SACM)

Bild 50 Eine der im Ersten Weltkrieg für die deutschen Länderbahnen gebaute einheitliche Güterzuglok auf Bergfahrt bei Rentzschmühle im sächsischen Hügelland, 1. 8. 1962. (Foto: Illner)

Bild 51 Sie ist wohl die bekannteste deutsche Reisezuglokomotive überhaupt, die ehemals preußische P 8, hier in einem süddeutschen Bahnhof aufgenommen. (Foto: Anzmann)

Bild 52 Ein für die dreißiger Jahre typischer Schnellzug fährt in Wuppertal-Elberfeld ein. Loks 17 247 und 03 168. (Foto: Bellingrodt)

Bild 53 Schnellzuglokomotiven der Reihe 17^{10}, ehemals preuß. S 10^{1}, im Betriebsbahnhof in Köln um 1935. (Foto: Bellingrodt)

MAUXION

17 1026
17 1021
17 1010

Bild 54 Schnellzug Mainz — Köln auf der linken Rheinstrecke bei St. Goar 1931, Lok 17 007. (Foto: Bellingrodt)

Bild 55 Auch auf der Schwarzwaldbahn war die P 8 eingesetzt. Aufnahme zwischen Nußbach und Triberg im Mai 1952. (Foto: Dr. Brunner)

Bild 56 Dampflok der Baureihe 39 auf der Allgäustrecke bei Thalkirchdorf um 1956. (Foto: Spielmann)

Bild 57 Auch Sachsen hatte 1917 eine leistungsfähige Pazifik-Lokomotive in Betrieb genommen. Unser Foto zeigt sie vor dem Dresdener Schnellzug im Anhalter Bahnhof zu Berlin, August 1939. (Foto: Tausche)

Bild 58 Sächsische Personenzuglokomotive, im Jahre 1910 erstmals von Hartmann, Chemnitz gebaut, verläßt den Bahnhof Warmbad im sächs. Hügelland. Aufnahme am 10. 10. 1962. (Foto: Illner)

Bild 59 Schnellzug mit Lokomotive der BR 38^4 auf der Bodenseegürtelbahn bei Süßenmühle. (Foto: Bellingrodt)

Bild 60 Nicht alltägliches Foto der Lok 38 234 im Leipziger Hauptbahnhof 1930. (Foto: Müll)

Bild 61 Eine der bewährten kleinen Güterzuglokomotiven ehemals bayrischer Bauart wartet in Bad Tölz auf Ausfahrt. 19. 4. 1958. (Foto: Dr. Scheingraber)

Bild 62 (nächste Seite) Drei alte Sachsen und ein Preuße: Vorn 75 578, Mitte 58 1095, hinten 58 447 und 94 2007, Chemnitz-Hilbersdorf am 27. 4. 1964. (Foto: Illner)

75 578

Bild 63 Bayerische S 3/6-Lokomotive, noch mit windschnittigem Führerhaus, im Hbf. München 1957.
(Foto: Dr. Scheingraber)

Bild 64 Lok 18 486, die etwas jüngere Schwester mit normalem Führerhaus, in Augsburg Hbf.
(Foto: Anzmann)

Bild 65 Schnellfahrlok von 1906, Gattung S 2/6 der ehem. Bayr. Staatsbahn. Errang mit 155 km/h Geschwindigkeitsrekord. Eine der formschönsten Dampfloks, die es gegeben hat. (Werkfoto Maffei)

Bild 66 Renner und Langstreckenrekordler der DB: Schnellzuglok Reihe 18^3, früher Gattung bad IV h. Eine besonders mächtige und eindrucksvolle deutsche Dampflok. (Foto: Bellingrodt)

Bild 67 Die schnellste Dampflok der Welt: Baureihe 05 der DB. Errang 1936 mit 201 km/h Weltrekord. Die Stromlinienverkleidung wurde nach dem Kriege entfernt und die Lok in den normalen Schnellzugdienst eingestellt. (Foto: Maey)

Bild 68 Ihr Name konnte nicht treffender sein: „Abendstern“, die letzte neu in Dienst gestellte Dampflok der Britischen Eisenbahnen, gebaut 1960 in den Bahnwerkstätten Swindon. Damit hat auch die Heimat Trevithicks und Stephensons nach fast genau 156 Jahren der Dampflok den Abschied gegeben. (Foto: BR)

Bild 69 Die japanische Staatsbahn fährt größtenteils auf Schmalspur (1067 mm), bringt es dabei aber zu Leistungen, die den europäischen Bahnen nicht nachstehen. Hier verläßt der Schnellzug Tokyo — Osaka, geführt von 2C2 h2-Lok Klasse C 62, den Bahnhof Hamamatsu. (Foto: JR)

Bild 70 Auch Württemberg besaß diese formschönen Schnellzuglokomotiven der Pazifik-Bauart. Aufnahme bei Böblingen. (Foto: Ulmer)

Bild 71 Erste deutsche fünffach gekuppelte Güterzuglokomotive von 1892 mit beweglichen Endachsen, System Klose, zur besseren Kurvengängigkeit. Aufnahme in Göppingen 1911. (Foto: Dr. Feißel)

Bild 72 Gute Kurvenläufigkeit bei großen Lokomotiven ließ sich auch durch Triebwerksteilung nach System Mallet erreichen wie bei dieser bayerischen Tenderlok von 1923. (Foto: Kallmünzer)

Bild 73 D- und E-gekuppelte Tenderloks im schweren Güterzugsdienst bei der Georgsmarienhütten Eisenbahn. Hasbergen 13. 4. 1962. (Foto: Moll)

Bild 74 Hier geht es mit großer Anstrengung die Steigung bei Aue im Siegerland hinauf. Aufnahme am 25. 8. 1962. (Foto: Moll)

93 1123

Bild 75 Schwere Güterzuglok der BR 58 hilft im Personenzugdienst auf der Strecke Weimar — Bad Berka aus. 25. 8. 1962. (Foto: Illner)

Bild 76 Für den Buben von damals unerreichbarer Wunschtraum: Lokführer! Führerhaus der Lok 58 452, Bw Glauchau, mit Oberlokführer Hartmann. (Foto: Hartmann)

Deutsche Reichsbahn
58 452

Bild 77 Vorspann auf der Steigung bei Vormwald im Siegerland am 6. 10. 1962. Die zweite Lok trägt die Betr.-Nr. 93 998. (Foto: Moll)

Bild 78 Vielfältig war das Bild der Tenderlokomotiven. Ehemals preußischer Bauart sind die beiden T 16, die hier den Odenwald bei Mörlenbach verräuchern. (Foto: Bellingrodt)

Bild 79 Preußische Typen liefen auch auf vielen Privatbahnen, so die T 9^1 der Frankfurt-Königsteiner Eisenbahn. Aufnahme in Frankfurt-Höchst am 25. 4. 1959. (Foto: Claus)

91 1946

Bild 80 Hier eine preußische T 9^3 in Diensten der Ilmebahn im Bahnhof Salzderhelden. 28. 7. 1960. (Foto: Moll)

Bild 81 Ähnlich sahen die mecklenburgischen T 4 aus. Lok 91 1946 im Bahnhof Thürkow 1929. (Foto: Bellingrodt)

Bild 82 Unvergeßlich diese schönen Bilder aus der Dampflokzeit: 78008 verläßt Lietzow auf Rügen 1932. (Foto: Bellingrodt)

Bild 83 (nächste Seite). Prächtiges Foto des Schnellzuges Stuttgart — Zürich, bei Böblingen 1935 fotografiert. (Foto: Ulmer)

18 125

Bild 84 Preußische Tenderlok von 1910, Gattung T 10, in Darmstadt Hbf 1937. (Foto: Bellingrodt)

Bild 85 Zwanzig Jahre jünger ist die starke Einheitslok der BR 62, in Krefeld Hbf am 27. 11. 1954 aufgenommen. (Foto: Schmidt)

Bild 86 1927 stellte die DR die kleinen Lokomotiven der BR 24 in Dienst, die sich großer Beliebtheit erfreuten, und vielfach im Osten, hier in Stettin, Dienst versahen. (Bild: Kobschätzky)

Nächste Seite von oben nach unten:

Bild 87 Neue Wege! 6900-PS-Turbinen-Dampflok der Pennsylvania-Eisenbahn. Ein ganzes Kraftwerk auf Rädern! Die Weiterentwicklung dieser Antriebsart wurde von der einsetzenden Verdieselung verhindert. (Foto PRR)

Bild 88 Zu den größten und modernsten Dampfloks des Kontinents zählen die 2'D2' Reisezugloks der Sowjetischen Staatsbahn, Klasse P 36. Auch die UdSSR hat im Jahre 1955 den Damplokbau eingestellt, die P 36 ist eine der letzten neu entworfenen Typen. Unser Bild zeigt sie vor einem Fernzug im Bahnhof von Smolensk. (Foto USSR-Eb.)

Bild 89 Die einzige deutsche Dampflok mit Einzelachsantrieb Nr. 19 1001. Ihrem Schicksal ist ein Abschnitt dieses Buches gewidmet. (Foto: Maey)

6200

Bild 90 Eine ganze Seite Dampflokriesen! 2'BC 2'-Lok Klasse Q2 der Pennsylvania-Eisenbahn, die größte Einrahmenlok der Welt. (Foto PRR)

Bild 91 2'BB 2'-Lok Klasse T 1 der Pennsylvania-Eisenbahn, eine Riesenlok, die 1000-Tonnen-Züge mit 160 km/h beförderte. (Foto PRR)

Bild 92 (1'D) D1'-Lok Klasse Y6b, Bauart Mallet, der Norfolk and Western Eisenbahn. Im Gegensatz zu den beiden Loks der „Pennsy" ist bei der Bauart Mallet die vordere Triebwerksgruppe beweglich gelagert. (Foto N&W)

Bild 93 (2'D1') (1'D'2)-Henschel-Beyer Garratt-Lok für Portugiesisch Ostafrika. Bei der Bauart Garratt stützt sich der Kessel samt Rahmen auf 2 Treib-Drehgestelle. (Foto Henschel)

Bild 94 Auch die Deutsche Reichsbahn stellte Versuche mit Turbinenantrieb an. Hier die Bauart Maffei in Nürnberg Hbf. (Foto: Sammlung Dr. Mühl)

Bild 95 Versuchweise windschnittig umkleidete Lok 03 154 in Hamburg-Altona 1934. (Foto: Wolff)

Bild 96 So sah die endgültige Stromschale aus, die seit 1939 bei den neuen Schnellzuglokomotiven 01^{10} und 03^{10} eingeführt wurde. Lok 03 1083. (Werkfoto Krauss-Maffei)

Bild 97 Das ist die deutsche Rekordlokomotive. die 201 km/h erreichte! Aufnahme bei einer Versuchsfahrt in Hamburg 1935. (Foto: Wolff)

Bild 98 Nach 1945 kam es bei beiden deutschen Bahnen zu Umbauten und Neubekesselungen älterer Loktypen. Lok 41 263 mit neuem Kessel bei Ronshausen am 16. 5. 1964. (Foto: Maedel)

Bild 99 Alte preußische T 16[1] Nr. 94 1025 und Neubaulok 82 040 auf der Rampe zwischen Freudenstadt Hbf und Stadt, April 1964. (Foto: Tausche)

Bild 100 Letzte Neuentwicklung der DB waren die beiden Schnellzuglokomotiven der BR 10, eine dreizylindrige Pazifik-Type. Hier die 10 002 in Frankfurt (M) Hbf am 20. 10. 1961. (Foto: Maedel)

Bild 101 Vielbekannt und bis zuletzt in Betrieb, die deutsche 01-Schnellzuglokomotive. Aufnahme bei Flieden am 30. 7. 1960. (Foto: Maedel)

Bild 102 Auch die BR 39 war im Schnellzugdienst eingesetzt. 39 102 durchfährt den Bahnhof Vilbel Süd am 7. 5. 1963. (Foto: Maedel)

Bild 103 Die Neubaulokomotiven der BR 23 waren ausersehen, die alte preußische P 8 abzulösen. Der Strukturwandel gab der Entwicklung eine Wende. Aufnahme bei Bad Vilbel 1. 9. 1962. (Foto: Maedel)

Bild 104 Nach Österreich verschlagene Tenderlok 86 849 auf der Murbrücke bei Unzmarkt. (Foto: Seng)

Bild 105 (nächste Seite). Noch beherrscht die Dampflok das Bild der Main-Weser Bahn! Schnellzug Frankfurt — Hamburg fährt in Marburg ein. 9. 6. 1962. (Foto: Maedel)

MARBURG
01 095
F
MARBURG

Marburg (Lahn)

23 006

22 070

Bild 106 Lok 23 006 vor Eilzug auf der Steilrampe Erkrath-Hochdahl. (Foto: Koelsch)

Bild 107 Von der DR mit neuem Kessel augerüstete Lok der BR 39. Als neue Reihe 22 wurde sie am 24. 3. 1962 in Hof fotografiert. (Foto: Claus)

Bild 108 Letzte und vielleicht schönste Neubaulokomotiven der DB waren die beiden 66er von 1955. Aufnahme in Gießen 6. 4. 1963. (Foto: Maedel)

Bild 109 Schnellzug Amsterdam — Hannover bei Oldenzaal am 17. 1. 1963, Lok 01 009. (Foto: Hobma)

Bild 110 Schwere Tenderlok 85 009 auf der Höllental-Bahn im Schwarzwald bei Hinterzarten. (Werkfoto: Henschel)

85 009

Bild 111 Die Güterzuglokomotiven der BR 59 versahen noch 1938 auf der Semmeringstrecke in Österreich Dienst. (Foto: Zell)

Bild 112 Schnellzug der Österreichischen Bundesbahnen, geführt von Dampflok der Reihe 33 (113), auf dem Viadukt über die „Kalte Rinne" der Semmeringbahn, Strecke Wien — Graz). (Foto ÖBB)

Bild 113 Mit enormer Kraftentfaltung donnert die (2'C)C2'-Mallet-Lok Nr. 900 der Spokane, Portland and Seattle Eisenbahn die 10‰-Steigung bei Marshall in Washington hinauf. Sie scheint die Last der 100 Güterwagen ihres Zuges kaum zu spüren. Fremdartig der Anblick der an der Rauchkammertür angebrachten Pumpen.

(Foto: Beebe)

Bild 114 Letzte Fahrt des Prärieexpresses! Wieviele Trapper, Fallensteller, Büffeljäger, aber auch Abenteurer und Auswanderer mögen einst mit diesem Zug an der Wyoming-Colorado-Grenze entlang über die „Great Plains“ gefahren sein? Vorbei! Der mächtige Rauchpilz ist der Abschiedsgruß der alten 2'C-Maschine.

(Foto: Beebe)

Bild 115 Europäische Spitzenklasse: Dreizylinder-Verbund-Schnellzuglok Klasse 242 A, eine Konstruktion des berühmten französischen Ingenieurs A. Chapelon. Die Lok gehörte zu den stärksten und schönsten Europas. (Foto: SNCF)

Bild 116 Neue Wege weist auch diese prachtvolle Lok des Ingenieurs De Caso, eine Weiterentwicklung der für die französische Nordbahn gebauten älteren Maschinen. Beide Loks stehen am Ende der glanzvollen französischen Lokomotivgeschichte. (Foto: SNCF)

Bild 117 Letzter Triumpf des Dampfzeitalters! Die „Big Boys", (2'D) D 2'-Loks Reihe 4000 der Union Pazifik Eisenbahn sind die größten Dampfloks der Welt. Hier die Lok Nr. 4019 im Heber Canyon in Utah, östlich von Ogden

(Foto: Beebe)

Bild 118 Zu den Riesen des Schienenstranges gehören auch die 2'F 1'-Loks Klasse 9000 der Union-Pacific-Eisenbahn. Sie schleppten endlos lange Güterzüge über die weiten Ebenen des Staates Nebraska. (Foto: Beebe)

Bild 119 Güterzug dei Denver & Rio Grande Eisenbahn, geführt von (1'D)D 1'-Dampflok, Baureihe L—131, auf anstrengender Bergfahrt im amerikanischen Felsengebirge. (Foto: Beebe)

Bild 120 Kriegslokomotiven hießen die seit 1942 in großer Stückzahl gebauten vereinfachten Maschinen der BR 52 und 42, deren letzte Exemplare fast 30 Jahre in Betrieb standen. Güterzug bei Berlin-Wannsee am 2. 5. 1964. (Foto: Schweichler)

Bild 121 Unverwüstlich und überall zu gebrauchen: Die „50er". Güterzug verläßt den Loreley-Tunnel auf der rechtsseitigen Rheinstrecke. (Foto: Spielmann)

Bild 122 Lok 50 006 vor einem Sonderzug bei Flieden am 30. 7. 1960. (Foto: Maedel)

Folgende Seiten:

Bild 123 Erst nach Entfernung der Stromlinienverkleidung wurde die Imposanz der 05-Lokomotiven sichtbar. Lok 05 003 nach Generalüberholung im Werk Krauss-Maffei. (Werkfoto)

Bild 124 Schnellzug am Elleringhauser Tunnel, Juli 1963. (Foto: Rotthowe)

Bild 125 Eine 03^{10} mit neuem Kessel an der gleichen Stelle, Herbst 1964. (Foto: Rotthowe)

50322

Deutsche Bundesbahn
05003
Knorr-Bremse[SS-S-P]m.Z.
Letzte Br.Unt.
ED Essen
Bw Hamm

01 1105

03 1021

Bild 126 Güterzug auf dem Altenbekener Viadukt mit Lok 44 100, Sommer 1964. (Foto: Rotthowe)

Bild 127 Umgebaute 01 der DR, in 01^5 umgezeichnet, vor dem Leipziger Schnellzug kurz vor der Grenze bei Hönebach, 16. 5. 1964. (Foto: Maedel)

Bild 128 Ein Bild, wie wir es nie wieder sehen werden: Güterzuglok der BR 44 in voller Anstrengung auf der Rampe Paderborn — Altenbeken, Herbst 1964. (Foto: Rotthowe)

Bild 129 Österreichische Tenderlok der BR 95^1 (82) schiebt den Schnellzug die Steigung über den Semmering hinauf, 4. 12. 1954. (Foto: Seng)

44 604

Bild 130 Schwerer Güterzug bei Schwäbisch Hall im Juli 1964. (Foto: Rotthowe)

Bild 131 Das Gesicht unserer Dampflok, für Generationen ein vertrautes Bild. Aber die Zeit schreitet weiter, unaufhaltsam. Es heißt Abschied nehmen, geliebte Dampflok! (Foto: Maedel)

Bild 132 Schnittbild einer E h2 Güterzugtenderlokomotive, der Deutschen Bundesbahn, Baureihe 82

1 Langkessel
2 Feuerbüchse
3 Feuerbüchsrohrwand
4 Rauchrohre
5 Heizrohre
6 Feuerbüchsrückwand
7 Stehkesseldecke
8 Deckenstehbolzen
9 Stehbolzen
10 Feuerloch
11 Feuertür
12 Kipproststäbe
13 Kipprostwelle
14 Aschkasten
15 Aschkastenklappen
16 Aschkastenklappenzug
17 Feuerschirm
18 Dampfentnahmestutzen
19 Dom
20 Regler
21 Reglerrohr
22 Kesselsicherheitsventil
23 Dampfsammelkasten
24 Überhitzerrohre
25 Dampfeinströmrohr
26 Schieberkasten
27 Kolbenschieber
28 Zylinder
29 Kolben
30 Kolbenstange
31 Zylinderentwässerungsventile
32 Zylindersicherheitsventile
33 Standrohr
34 Blasrohr
35 Hilfsbläser
36 Funkenfänger
37 Schornstein
38 Rauchkammer
39 Rauchkammertür
40 Kasten für Mischvorwärmer
41 Zughakenfedern
42 Puffer
43 Schraubenkupplung
44 Rahmenbleche
45 Querversteifungen
46 Achslagergehäuse
47 Tragfeder
48 Bremszugstange
49 Ausgleichshebel
50 Zapfen für Beugniot-Lenkhebel
51 Bahnräumer
52 Hauptluftbehälter
53 Hilfsluftbehälter
54 Kesselträger
55 Wasserkasten
56 Kohlenkasten
57 Führerhaus
58 Entlüftungsaufsatz
59 Bremswelle mit Bremshebeln
60 Laternen

Bild 133 Führerstand einer Heißdampflokomotive.

1 Reglerhandhebel mit Übertragungsgestänge zur Reglerwelle. Regelt Dampfzufuhr zu den Zylindern; 2 Steuerungsbock mit Füllungsskala; 3 Handrad zur Steuerungsspindel. Verstellt Schieber für Vor- und Rückwärtsfahrt, regelt Dampffüllung der Zylinder; 4, 5 Führerbremsventil der Luftdruckbremse; 6, 7 Handräder zur Luftdruckpumpe; 8, 9 Handölpumpen; 10—12 Druckmesser zum Messen des Luftdruckes im Hauptluftbehälter, in der Bremsleitung und den Bremszylindern; 13, 14 Handräder zur Gegendruckbremse; 15 Pyrometer zur Messung der Überhitzung im Schieberkasten; 16 Hebel zur Gegendruckbremse; 17 Schild mit Bedienungsvorschrift der Gegendruckbremse; 18 Druckmesser für Dampfdruck im Schieberkasten; 19 Druckmesser für Dampfdruck im Kessel; 20 Anschlußstutzen für Prüfdruckmesser; 21 Handhebel zum Preßluftsandstreuer; 22 Handhebel zur Betätigung des Läutewerks; 23 Geschwindigkeitsmesser (Tachometer), durch Handrad 13 verdeckt; 24 Handhebel zur Dampfpfeife, teilweise durch Reglerhebel verdeckt; 25 Gestänge zur Dampfpfeife bei evtl. Betätigung vom Zuge durch Notleine; 26 Feuertür. An der Welle über derselben rechts und links je ein Handhebel mit Gegengewicht zum Öffnen der Tür; 27 Handhebel zum Kipprost; 28 Handrad zur Kesselspeisepumpe; 29 Druckmesser zur Kesselspeisepumpe; 30 Handölpumpe zur Kesselspeisepumpe; 31 Handgriff zur Betätigung der Dampfstrahlpumpe (Injektor); 32 Ventil zur Dampfleitung der Dampfstrahlpumpe (durch Wasserstand verdeckt); 33 Handrad zum Absperrventil des Dampfentnahmestutzens auf dem Kessel; 34 Zwei Wasserstandsanzeiger; 35 Handrad zum Hilfsbläser. In Tätigkeit beim Stillstand oder Leerlauf; 36 Vierwegehahn für Aschkasten-, Rauchkammer- und Kohlennässeeinrichtung (Schlauch mit Mundstück für letztere sichtbar); 37 Automatische Schmierpumpe; 38 Handrad zur Dampfheizung; 39 Druckmesser zur Dampfheizung; 40 Drahtzüge zum Öffnen der Sicherheitsventile; 41 Halter für Ölkannen (nicht ganz sichtbar am unteren Bildrand); 42 Sitze für Führer und Heizer; 43 Schild mit Angabe der nächsten Kesseluntersuchungstermine; 44 Schild mit Angabe der zulässigen Höchstgeschwindigkeit der Maschine; 46 Griffe zum Öffnen der Lüftungsklappen im Dach des Führerstandes. (Foto: Archiv)

Abbildungen deutscher Dampfloks, wie sie etwa 1960 noch in Dienst standen. (Die Baureihe 10 der DB ist in Bild 100 abgebildet. Der Einheitlichkeit halber wurden die Lokomotiven mit den alten Baureihen-Nummern bezeichnet.)

Bild 134 Schnellzuglok (Einheitslok), Reihe 01. Erstes Baujahr 1925

Bild 135 Schnellzuglok (Einheitslok), Reihe 01^{10}. Baujahr 1939

Bild 136 Schnellzuglok (Einheitslok), Reihe 03. Erstes Baujahr 1930

Bild 137 Schnellzuglok (Einheitslok), Reihe 03^{10}. Erstes Baujahr 1939

Bild 138 Schnellzuglok (pr. S 10^{1}), Reihe 17^{11}. Erstes Baujahr 1914

Bild 139 Schnellzuglok (sä XVIII H), Reihe 18^0. Erstes Baujahr 1917

Bild 140 Schnellzuglok (bay S 3/6), Reihe 18^6. Erstes Baujahr 1953 (Umbau)

Bild 141 Schnellzuglok (sä XX HV), Reihe 19. Erstes Baujahr 1918

Bild 142 Personenzuglok (Einheitslok), Reihe 23. Erstes Baujahr 1950

Bild 143 Personenzuglok (Einheitslok), Reihe 24. Erstes Baujahr 1927

Bild 144 Personenzuglok (sä XII H2), Reihe 38^2. Erstes Baujahr 1910

Bild 145 Personenzuglok (pr P 8), Reihe 38^{10}. Erstes Baujahr 1906

Bild 146 Personenzuglok (pr P 10), Reihe 39^0. Erstes Baujahr 1922

Bild 147 Güterzuglok (Einheitslok), Reihe 41. Erstes Baujahr 1936

Bild 148 Güterzuglok (Einheitslok), Reihe 44. Erstes Baujahr 1926

Bild 149 Güterzuglok (Einheitslok), Reihe 50. Erstes Baujahr 1939

Bild 150 Güterzuglok (Einheitslok), Reihe 52. Erstes Baujahr 1942

Bild 151 Güterzuglok (bay G 3/4), Reihe 54^{15}. Erstes Baujahr 1919

Bild 152 Güterzuglok (pr G 8^1) Reihe 55^{25}. Erstes Baujahr 1913

Bild 153 Güterzuglok (pr G 8^1 mL), Reihe 56^2. Erstes Baujahr 1934 (Umbau)

Bild 154 (folgende Seite) Nach Ausmusterung der Loks BR 05 war die 18 201, umgebaute 61 002, die schnellste deutsche Dampflok. (Foto: Illner)

18 201

18 201

Bild 155 Güterzuglok (pr G 8^2), Reihe 56^{20}. Erstes Baujahr 1919

Bild 156 Güterzuglok (pr G 10), Reihe 57^{10}. Erstes Baujahr 1910

Bild 157 Güterzuglok (pr G 12), Reihe 58^{10}. Erstes Baujahr 1917

Bild 158 Personenzugtenderlok (Einheitslok), Reihe 64. Erstes Baujahr 1927

Bild 159 Personenzugtenderlok (Einheitslok), Reihe 65.Erstes Baujahr 1951

Bild 160 Personenzugtenderlok (Einheitslok), Reihe 66. Erstes Baujahr 1955

Bild 161 Personenzugtenderlok (bay Pt 2/3), Reihe 70^{0}. Erstes Baujahr 1909

Bild 162 Personenzugtenderlok (pr T 12), Reihe 74^{4}. Erstes Baujahr 1902

Bild 163 Personenzugtenderlok (wü T 5), Reihe 75^{0}. Erstes Baujahr 1910

Bild 164 Personenzugtenderlok (bad VIc), Reihe 75^4. Erstes Baujahr 1914

Bild 165 Personenzugtenderlok (sä XIV HT), Reihe 75^5. Erstes Baujahr 1911

Bild 166 Güterzugtenderlok (bad Xb), Reihe 92^2. Erstes Baujahr 1907

Bild 167 Güterzugtenderlok (Einheitslok), Reihe 80. Erstes Baujahr 1927

Bild 168 Güterzugtenderlok (Einheitslok), Reihe 81. Erstes Baujahr 1928

Bild 169 Güterzugtenderlok (Einheitslok), Reihe 82. Erstes Baujahr 1950

Bild 170 Güterzugtenderlok (Einheitslok), Reihe 85. Erstes Baujahr 1932

Bild 171 Güterzugtenderlok (Einheitslok), Reihe 86. Erstes Baujahr 1928

Bild 172 Güterzugtenderlok (bay R 3/3), Reihe 89^7. Erstes Baujahr 1906

Bild 173 Güterzugtenderlok (pr T 9^3), Reihe 91^3. Erstes Baujahr 1901

Bild 174 Personenzugtenderlok (pr T 18), Reihe 78^0. Erstes Baujahr 1912

Bild 175 Güterzugtenderlok (pr T 13), Reihe 92^5. Erstes Baujahr 1910

Bild 176 Güterzugtenderlok (bay R 4/4), Reihe 92^{20}. Erstes Baujahr 1918

Bild 177 Güterzugtenderlok (pr T 14^{1}), Reihe 93^{5}. Erstes Baujahr 1919

Bild 178 Güterzugtenderlok (wü Tn), Reihe 94^{1}. Erstes Baujahr 1921

Bild 179 Güterzugtenderlok (pr T 16^{1}, Reihe 94^{5}. Erstes Baujahr 1913

Bild 180 Güterzugtenderlok (sä XI HT), Reihe 94^{20}. Erstes Baujahr 1908

Bild 181 Güterzugtenderlok (pr T 20), Reihe 95^{0}. Erstes Baujahr 1922

Bild 182 Zahnradlok (wü Hz), Reihe 97^{5}. Erstes Baujahr 1923

Bild 183 Lokalbahnlok (bay GtL 4/4), Reihe 98^{8}. Erstes Baujahr 1911